中国工程科技论坛

信息时代仿真与建模

Xinxi Shidai Fangzhen Yu Jianmo

高等教育出版社·北京

内容提要

本书是中国工程院“中国工程科技论坛”系列丛书之一。近年来，在各类应用需求的牵引及有关学科技术的推动下，仿真科学与工程技术已经发展成为一项通用性、战略性技术，并正向“数字化、高效化、网络化、智能化、服务化、普适化”为特征的现代化方向发展，其应用正向服务于各类系统的全寿命周期活动的方向发展。本书以“信息时代仿真与建模技术”为主题，邀请航空、航天、航海、国民经济、国防等领域内从事仿真、控制技术研究与应用的院士、专家就仿真工程与科学在信息时代我国实施“两化融合”发展战略中的作用与地位进行深入研讨，从国民经济与国家安全的角度提出我国仿真工程与科学的发展思路，探讨我国仿真科学与工程的发展战略、关键技术与主要对策，展望我国仿真工程与科学可能取得的重大进展。

本书适合相关领域的研究者、技术人员、学生阅读。

图书在版编目(CIP)数据

信息时代仿真与建模 / 中国工程院编著. -- 北京：高等教育出版社，2015.9

(中国工程科技论坛)

ISBN 978-7-04-043774-4

Ⅰ. ①信… Ⅱ. ①中… Ⅲ. ①仿真-研究②建立模型-研究 Ⅳ. ①N032②022

中国版本图书馆 CIP 数据核字(2015)第 213078 号

总 策 划 樊代明

策划编辑 王国祥 黄慧靖　　责任编辑 黄慧靖 张 冉

封面设计 顾 斌　　责任印制 韩 刚

出版发行 高等教育出版社

社 址 北京市西城区德外大街 4 号

邮政编码 100120

印 刷 北京汇林印务有限公司

开 本 787 mm × 1092 mm 1/16

印 张 7

字 数 130 千字

购书热线 010-58581118

咨询电话 400-810-0598

网 址 http://www.hep.edu.cn

http://www.hep.com.cn

网上订购 http://www.landraco.com

http://www.landraco.com.cn

版 次 2015 年 9 月第 1 版

印 次 2015 年 9 月第 1 次印刷

定 价 60.00 元

物 料 号 43774-00

编辑委员会

目　　录

第一部分　综述

第二部分　主题报告及报告人简介

第一部分

综　　述

综　　述

一、论坛背景

计算机仿真已经成为继理论和实验/观察这两个传统科学研究范式之后的第三范式,从而为人类认识世界和改造世界提供了全新的方法和手段。美国全球技术评估中心(World Technology Evaluation Center,WTEC)在其2009年发表的报告中指出,“计算机仿真已经成为当今推进科学研究和工程实践的基础设施的关键部分。”“今天的仿真工程与科学的‘预测’能力是对理论和实验/观察这两个传统的科学研究支柱强有力的补充;今天的计算机仿真技术已经比人类历史上的任何时期都更为普及,而且影响力更大。在许多关键技术的研发过程中,甚至达到了如果脱离了仿真则几乎无法被理解、开发和应用的地步。”

近年来,在各类应用需求的牵引及有关学科技术的推动下,仿真科学与工程技术已经发展成为一项通用性、战略性技术,并正向“数字化、高效化、网络化、智能化、服务化、普适化”为特征的现代化方向发展,其应用正向服务于各类系统的全寿命周期活动的方向发展。近几十年来,特别是在改革开放的大好形势下,我国的仿真科学与技术也得到了飞速的发展,并已成功地应用于航空航天、信息、生物、材料、能源、先进制造等高新技术领域,以及工业、农业、商业、教育、军事、交通、社会、经济、医学、生命、生活服务等国民经济、国防建设、自然科学、社会科学、民生领域的系统论证、试验、分析、维护、运行、辅助决策及人员训练、教育和娱乐等。

我国人口众多、资源短缺、环境恶化,国家周边安全面临挑战,必须在科学发展观指导下,走“科技含量高、经济效益好、资源消耗低、环境污染少、人力资源优势得到充分发挥的新型工业化道路”和“科技强军”道路,仿真科学与工程是实施这种发展战略、实现我国可持续发展的必不可少的重要科学技术手段。我国仿真科学与工程将迎来新的发展战略机遇和挑战,在此背景下,中国工程院组织国内相关领域的专家,举办“信息时代仿真与建模技术”论坛,基于信息时代建模仿真领域的研究成果,针对遇到的困难与挑战,通过国内外高水平专家、学者的交流活动,分析我国在大数据时代下实施的“两化融合”发展战略对仿真科学与工程的需求,探讨我国仿真科学与工程的发展战略、关键技术与应用,以推动仿真理论技术研究和仿真应用研究的共同发展。

二、论坛整体情况

2014 年 10 月 12 日,由中国工程院主办,中国工程院信息与电子工程学部、中国系统仿真学会和西北工业大学联合承办的“第 193 场中国工程科技论坛——信息时代仿真与建模技术”在西北工业大学国际会议中心举办。

会议邀请中国工程院副院长陈左宁院士、中国系统仿真学会现任理事长赵沁平院士、西北工业大学副校长魏炳波院士分别致辞,中国系统仿真学会前任理事长李伯虎院士主持开幕式及会议,来自中国工程院的 6 位院士及各高校、科研院所、企事业单位的 300 余位国内仿真领域的专家和科技工作者参加了会议。

会上,8 位学者为大家呈现了精彩的报告。中国工程院院士、清华大学吴澄院士作了“城市承载力及运行优化决策的建模与场景仿真”的大会报告;中国工程院院士、欧亚科学院院士、中国人民解放军总参谋部信息化部李德毅院士作了“大数据时代的跨界创新”的大会报告;中国工程院院士、西北工业大学马远良院士作了“水下观测的挑战——‘动态海洋声学’的理论框架”的大会报告;中国工程院院士、西北工业大学段宝岩院士作了“大型天线分析与设计的仿真研究”的大会报告;中国工程院院士、航天科工集团公司二院科技委李伯虎院士作了“复杂系统高性能建模与仿真技术研究”的大会报告;国防大学胡晓峰教授作了“兵棋推演与复杂系统管理”的大会报告;清华大学范文慧教授作了“中国仿真产业发展战略”的大会报告;国防科技大学姚益平教授作了“面向军事分析仿真的三级并行技术及其挑战”的大会报告。

本次论坛邀请仿真、控制、航空、航天、航海、国防等领域的院士、专家就仿真工程与科学在大数据时代我国实施“两化融合”发展战略中的作用与地位进行深入研讨,从国民经济与国家安全的角度提出我国仿真工程与科学的发展思路,明确需要解决的重大关键技术,展望我国仿真工程与科学可能取得的重大进展。论坛围绕信息时代仿真与建模的挑战与对策以及相关建模仿真理论与技术展开研讨,重点包括仿真工程与科学将如何支撑以工业互联网为标志的工业技术革命;面对大数据,作为人类认识世界的第三种方法应如何进一步发展;仿真工程与科学如何为我国标志性工程的自主开发、安全运行、维护、服务等提供技术支撑和保障等方面的国际前沿问题。各位参会专家对信息时代仿真与建模的发展各抒己见,踊跃发言,提出了具有前瞻性的新观点、新策略,论坛最终取得了圆满的成果。

三、专家发言内容摘要

(一) 城市承载力及运行优化决策的建模与场景仿真

城市发展的顶层规划是重大且复杂的问题。一个城市发展到多大规模为好？涉及经济(GDP、财政收入、就业、CPI、融资及资金投向……)、生态(环境、污染治理……)、民生(医疗设施、交通、教育、文化设施、社会安全……)等众多方面,用比较科学的、定量的方法为城市发展的决策者提供科学手段,辅助决策,提高执政能力,是十分有意义的。

城市承载力及运行优化决策问题的难点是建立各种指标和约束与决策之间的关系,即各种指标预测模型和约束模型。由于数据类型多(区间型、符号型……)、数据短缺、决策影响指标(或约束)的不确定滞后等,这是一个挑战性的问题。在错综复杂的问题中优化问题的形式化描述以及求解中的强非线性、复杂约束(几十个)也是难点。而智能建模与优化、仿真技术和场景分析是一个有效方法。

报告以我国一个特大城市(人口近千万)的数据为背景,研究城市发展的承载力问题和运行优化决策问题,讨论了 GDP 增长率的智能预测模型,进行了城市承载能力综合分析与资源优化配置模型及场景仿真分析和城市发展的优化决策模型及场景仿真分析。

(二) 大数据时代的跨界创新

泛在传感器、移动互联网和云计算造就大数据时代,学科交叉加速,产业前沿延伸,新兴商业涌现,传统意义的学科界别、产业界别、商业界别日趋模糊,包括机器人在内的许多“四不像”技术和产品,“四不像”学科、产业和商业,也许成为创新的主要形态,正是它们造就了现代社会的时代特征！跨界创新难在哪里?报告以无人驾驶技术为例,分析汽车制造与 IT 技术相互渗透、碰撞、倒逼而形成颠覆技术的过程、现状和难点,探索了驾驶行为形式化、人机和谐交互的方法,并进一步展望智能机器人产业的跨界创新和发展;提出机器人革命的到来,或许是我们抓住历史机遇的一场盛宴。

(三) 水下观测的挑战——“动态海洋声学”的理论框架

水下空间被称为人类活动的第四空间,水下观察与通信依靠的是声波而不是电磁波,由于其特殊的困难,信息网络的建设常常止于海面。为使海洋成为“声学透明”,需大力发展海洋声学,研究海洋中声波的产生、传播、目标特性、环境噪声、水体温度-盐度-深度变化的影响、海面与海底界面特性的影响等。可是其中许多因素具有空时四维变化，与海洋环流的动力学过程有关，也与海面气象的变化和气-液热交换有关。因此，未来水下观测的根本出路在于：建立动态“海洋声学”。孤立的声学研究难以解决问题，有必要将卫星海面遥感、海面气象水文观测、水声环境调查数据库、海洋动力学建模、海洋声场建模以及先进数据同化理论与技术等纳入统一的系统框架。

（四）大型天线分析与设计的仿真研究

针对大型天线设计中存在的复杂多场耦合问题，报告通过研究大型天线结构位移场-电磁场-温度场之间相互影响、相互作用的关系，探明结构因素对天线性能（电、磁、热等）的影响机理，建立相应的数学描述，进而得到机、电、热多场非线性耦合理论模型，实现了大型天线综合性能的精确分析。在此基础上，讨论了多学科优化模型的建立及其求解策略，形成了大型天线的机电耦合设计方法。通过典型工程案例（40 m、66 m 大型反射面天线，500 m FAST 及 16 m 空间可展开天线等）进行验证，获得了良好的效果。在上述理论研究中，逐步完善了针对大型天线仿真分析的一套科学方法并建立了综合设计平台，对工程应用起到了一定的指导作用。最后，总结了大型天线仿真与设计未来的发展趋势及方向。

（五）复杂系统高性能建模与仿真技术研究

报告概述了作者所在团队近期在复杂系统高性能建模与仿真技术研究方面的研究成果。首先讨论了复杂系统及复杂系统高性能建模仿真技术的内涵和复杂系统建模仿真的技术需求、技术体系及其发展趋势。进而在复杂系统仿真建模方法方面，概述了定性与定量混合系统建模方法、基于元模型框架的建模方法、变结构系统建模方法和三级并行高效能建模方法等研究成果。在复杂系统仿真支撑平台技术方面，概述了高性能仿真云、多学科虚拟样机工程、复杂系统仿真语言、高性能仿真计算机、高性能可视化技术等研究成果。在复杂系统仿真应用工程技术方面，概述了复杂系统建模与仿真 VV&A 技术、仿真结果管理、分析与评估技术等研究成果。接着简要介绍了几个高性能仿真计算机上的应用案例。最后提出了值得关注的研究工作，包括大数据时代的仿真技术、普适仿真技术、嵌入式仿真技术、赛博空间仿真技术等。

（六）兵棋推演与复杂系统管理

当今世界，面临着不对称冲突、安全与战争威胁、激烈的全球竞争和动荡的经济环境,对这些问题的有效应对已经成为各个国家必须面对的难题。但社会系统、危机系统以及战争系统都是典型的复杂系统,具有组成复杂、活动复杂和效果复杂等特点,很难用分解还原、静态线性等传统方法进行研究和管理。兵棋推演,作为一种面向复杂系统整体、以动态对抗推演为主要形式的仿真活动,为管理复杂系统、解决棘手问题提供了一种有效的方法,成为世界发达国家辅助决策的重要手段。

报告从美国举行的"空海一体战"、"石油风暴"和"网络冲击波"等几场重要的兵棋推演开始,探讨了复杂系统管理面临的挑战和难题,讨论了兵棋推演用于复杂系统管理的基本方法,介绍了我国大型兵棋工程在仿真平台研发、推演组织模式,以及兵棋工程建设等方面的创新及实践,并对未来的主要发展趋势进行了深入的探讨。

(七)中国仿真产业发展战略

报告介绍了仿真科学技术的内涵、重要性、发展方向、发展重点,及其在制造业、军事领域、电力行业、农业、机械行业、数字娱乐行业和医疗等行业的典型应用;将仿真产业分为仿真产品、仿真工程及仿真服务三大类,对仿真产业市场规模及需求作了较全面的分析,对仿真产业竞争格局和中国仿真产业发展进行了预测分析;提出了中国仿真产业发展应把握的发展规律和采取的十六字方针,以逐步形成能够满足社会经济发展需要的"世界先进、自主安全、军民融合"的仿真产业能力;报告从自主创新目标、应用推广目标、产业规模目标及综合保障目标四个方面提出了2030年前中国仿真产业发展目标;提出了中国仿真产业发展的三大战略重点,以及六方面发展措施与建议。

(八)面向军事分析仿真的三级并行技术及其挑战

分析仿真是研究和分析复杂系统的有效途径。作为与实验研究及理论研究对等的方法论,分析仿真在国防和国民经济领域正得到越来越广泛的应用。随着分析仿真应用的不断发展,仿真规模正在逐步扩大,仿真模型越来越复杂,其对计算资源的需求也越来越多,使得提高计算效率、减少仿真时间正成为当前分析仿真的一个紧迫任务。并行处理是解决该问题的有效途径。报告介绍了复杂系统分析仿真所具有的计算特点——大样本、多实体、超实时、复杂模型解算、因果序协同;基于这些特点提出了分析仿真三级并行的解决方案——多样本并行、多实体并行、复杂模型解算并行。其中,多样本并行由于样本之间没有运行依赖关系而相对比较容易实现;实体级并行也即MPI任务级并行,是并行仿真需要研究解决的核心所在;复杂模型解算的并行目前有多种实现途径——多核CPU、

MIC、GPU、FPGA、DSP等。报告对三级并行技术及其所面临的挑战进行了全面的介绍，并对今后进一步的研究进行了展望。

四、结语

仿真工程与科学，是提升自主创新能力不可或缺的支撑技术。在我国“两化融合”战略的深入发展、“人、机、物”三元融合形成的大数据时代即将到来的形势下，仿真工程与科学面临着巨大的挑战。我们必须未雨绸缪，抓住机遇，探索在这一形势下我国仿真工程与科学的发展思路，力争打破西方工业发达国家长期垄断的局面，以便为我国的国民经济持续发展、保障国家安全提供有力的技术手段。

信息时代仿真与建模面对的是复杂系统，必须考虑复杂系统的自适应性、涌现性、不确定性、预决性、演化性、开放性和博弈性等特点。在本次论坛中，与会专家学者就信息时代仿真与建模进行了深入的探讨，对信息时代仿真与建模研究提出了许多有益建议，提出了具有前瞻性的新思路、新观点、新策略，达到了从顶层、宏观水平思考及分析的目的，推动了信息时代仿真与建模理论研究的共同发展，势必会为我国的国民经济建设、国防建设、科学与社会发展做出新的更大的贡献。

第二部分

主题报告及报告人简介

中国仿真产业发展战略

范文慧 等*

清华大学

一、仿真科学技术的内涵、发展方向和重点

仿真科学与技术是以建模与仿真理论为基础，以计算机系统、物理效应设备及仿真器为工具，根据研究目标，建立并运行模型，对研究对象进行认识与改造的一门综合性、交叉性学科与技术。

仿真科学与技术是工业化社会向信息化社会前进中产生的信息类科学技术学科。经过近一个世纪的发展历程，学科知识体系日趋完善，并具有学科的相对独立性，学术共同体已经形成，在国家科学技术发展、产业发展和社会进步中的战略重要性日益突出。

仿真技术可以不受时空的限制，观察和研究已发生或尚未发生的现象，以及在各种假想条件下这些现象发生和发展的过程。它可以帮助人们深入到一般科学及人类生理活动难以到达的宏观或微观世界去进行研究和探索，从而为人类认识世界和改造世界提供了全新的方法和手段。2005 年 6 月，美国总统信息技术顾问委员会在给总统的建议报告"Computational Science: Ensuring America's Competitiveness"中指出，由建模仿真算法与软件、计算机与信息科学以及计算基础设施三大元素构成的计算科学，已经逐步成为继理论研究和实验研究之后认识、改造客观世界的第三种重要手段。

仿真技术在我国国民经济、国防建设、自然科学、社会科学等领域正发挥着越来越大的作用，已成功地应用于航空航天、信息、生物、材料、能源、先进制造等高新技术领域和工业、农业、商业、教育、军事、交通、社会、经济、医学、生命、生活服务等众多领域的系统论证、试验、分析、维护、运行、辅助决策及人员训练、教育和娱乐等方面。

仿真技术已经成为一项通用性、战略性技术，并正向"数字化、高效化、网络

---

* 作者：中国工程院赵沁平院士、李伯虎院士，清华大学肖田元教授、范文慧教授，中国航天科工集团二院科技委总工程师李国雄，哈尔滨工业大学马萍教授，国防科技大学邱晓刚教授，中国电子科技集团公司电子科学研究院集团首席科学家王积鹏，北京航空航天大学吴云洁教授、张霖教授。

化、智能化、服务化、普适化”为特征的现代化方向发展,其应用正向服务于系统的全寿命周期活动的方向发展。其发展重点包括网络化仿真、复杂环境仿真、复杂系统仿真、虚拟与增强现实、高性能计算与仿真、嵌入式仿真、智能仿真、普适仿真、数据驱动的仿真、虚拟样机和数字化工厂等。

二、仿真产业内涵及其市场规模

(一) 仿真产业内涵、范围与特点

仿真产业分为仿真产品、仿真工程及仿真服务三大类。

仿真产品包括仿真模型与数据、仿真器、仿真计算机、仿真软件、仿真用的人机交互设备等;仿真工程包括仿真产品研究、仿真产品开发、仿真产品设计、仿真产品实施、仿真产品生产、仿真产品管理等;仿真服务包括仿真咨询服务、仿真设计服务、仿真实施服务、仿真租赁服务、仿真维护服务、仿真支持服务、仿真外包服务、仿真运营服务、仿真采购服务、仿真销售服务、仿真系统和解决方案服务等。

中国仿真产业的特征,包括技术综合性高、人才素养高、资质进入许可度高、品牌认可度高、销售服务要求高等。

(二) 中国仿真产业市场规模及需求分析

全球仿真产业市场的总体规模大约每年 1500 亿美元,目前产业链上端的仿真产品市场需求约 300 亿美元,围绕着仿真产品的使用、实施和维护等仿真服务每年约有 700 亿美元的市场需求。全球多家著名企业、公司在仿真测试、模拟训练、虚拟制造、仿真设计等领域都有相关的仿真技术研究部门或基地,这些公司在仿真工程项目中的投入、产出规模每年在 300 亿美元左右;数字娱乐业、高端医疗手术的模拟、登月计划的仿真、军用装备的仿真测试等催生新的技术竞争和工程需求,估计每年有 150 亿美元的市场需求。

中国仿真市场的总体规模从 2009 年以来逐年增长。2012 年大约每年 1000 亿元人民币,其中产品的研发及推广、销售投入约 210 亿元人民币;产品的推广、实施、维护等约 480 亿元人民币;仿真工程项目中的科研、研发投入等约为 50 亿元人民币左右;围绕着仿真产品的使用、实施和维护等仿真服务约 10 亿元人民币左右;数字娱乐业、高端医疗手术模拟、登月计划催生的新的技术竞争和产品需求估计有 150 亿元人民币左右。2013 年中国仿真市场需求约 1100 亿元人民币,预计到 2018 年中国仿真产业规模将达到 3000 多亿元人民币。

有关专家预言,在 21 世纪,仿真技术的发展必将对经济、社会以及人们的观

念产生巨大影响，指出仿真市场呈现了高速增长性、广泛扩展性等特征，系统仿真行业规模呈现了大幅扩张态势。

三、中国仿真产业发展规划和建议

（一）中国仿真产业发展特征

从技术发展角度看，系统仿真作为一类与信息技术密切相关的产业，正在向“数字化、高效化、智能化、网络化、服务化、普适化”为特征的现代化方向发展。当前研究热点主要集中在复杂系统建模仿真理论与方法、综合自然环境和人为环境建模仿真、智能系统建模仿真、网络化建模仿真、虚拟样机工程、高效能仿真、嵌入式仿真、仿真模型校核验证与确认等方面。这些技术不仅吸纳了新兴电子信息技术的研究成果，而且对传统的建模仿真理论、方法与平台技术提出了严峻的挑战，引领了相关高新技术的快速发展，将对仿真产业的继承、发展、创新、跨越产生重大影响。

从应用推广角度看，系统仿真已经成功应用于各类高新技术和国民经济等众多领域的各个应用层面，具有强大的体系化、融合化、渗透性特征。由于系统仿真可以观察与研究已发生、尚未发生或设想的现象，可以观察与研究难以到达的微观、中观或宏观世界，并具有综合、协同、集成和互操作等特性，因此，它作为与实验发现、理论分析并列的第三种科学研究手段，已经成为各个行业展现已有能力、培育提升实力、探索未知世界的不可或缺的工具，为人们认识世界和改造世界提供了新的方法和手段。特别是系统仿真通过构造虚实结合的计算实验环境，催生了各个行业的变革性创新。

从产业规模角度看，“十二五”以来，系统仿真市场呈现了高速增长性、广泛扩展性等特征。尤其是在军工、交通、教育、通信、医学、能源等行业改革发展的强劲需求拉动下，系统仿真行业规模呈现了大幅扩张态势。2013 年国内仿真产业规模已经超过 1000 亿元人民币，预计行业复合增长率在 26% 以上，到 2015 年系统仿真市场总规模可超过 1700 亿元人民币。仿真产业的良好发展局面，不仅快速推动了各个领域工业能力的转型升级，而且也促进了军用与民用科技资源的相互融合，带动了“政、产、学、研、经”协同创新步伐，使仿真科技向生产力转化速度大幅度提升。

（二）发展思路与目标

1. 仿真产业发展思路

仿真产业发展应按照《国家中长期科学和技术发展规划纲要（2006—2020

年)》的总体要求,把握“需求牵引系统、系统带动技术、技术促进系统、系统服务于应用”的仿真产业发展规律,采取“自主创新、塑造体系、开放融合、引领发展”的基本思路,确定2030年前发展目标,谋划发展路线图,逐步形成能够满足社会经济发展需要的,世界先进、自主安全、军民融合的仿真产业能力。

自主创新,就是要针对国内仿真技术平台依赖引进的现状,按照“创新驱动”的思路,下大力气开展关键技术研究和仿真平台开发,培育和提高仿真产业发展的内生动力,快速形成世界先进的产业技术优势。这是加强仿真产业发展的战略基点。

塑造体系,就是要构建仿真产业发展的知识创新、技术创新、应用创新体系,形成仿真产业发展需要的核心能力,实现仿真产业与其他行业的深度融合,形成适应深化科技改革要求的体制机制。这是促进仿真产业可持续发展的根本举措。

开放融合,就是要借鉴其他领域和国外的相关研究成果和技术产品,推进军民一体化的仿真产业资源整合,利用全球化发展提升能力,形成具有中国特色的系统仿真技术,营造国际市场竞争环境。这是促进仿真产业强劲发展的重大历史任务。

引领发展,就是要积极调整政府与市场的定位和作用,建立政产学研经创新联盟,加快仿真产业科技创新步伐,通过建设各种类型的虚拟试验系统,推动社会经济转型升级,带动国家战略新兴产业和国民经济科学发展。这是仿真产业能力建设的战略使命。

2. *仿真产业发展目标*

2030年前,仿真产业应针对国家科技发展的新形势、新要求、新特点,紧紧抓住战略机遇期、转型期、拓展期的有利时机,培育具有中国特色的产业能力和国际竞争优势,基本形成能够满足社会经济发展需要的,世界先进、自主安全、军民融合、结构合理的产业发展局面。按照“自主创新、塑造体系、开放融合、引领发展”的基本思路,可以从自主创新、应用推广、产业规模、综合保障等方面设立仿真产业发展的具体目标。

(1) 自主创新目标

在网络化仿真、复杂环境仿真、复杂系统仿真、虚拟现实与增强现实、高性能计算与仿真、嵌入式仿真、智能仿真、普适仿真、数据驱动仿真、虚拟样机与数字化工厂等关键技术领域,取得一批重大科技创新成果。依托国家科技创新项目和相关科研计划,在仿真基础理论、建模技术、支撑技术、应用技术研究等方面实现一批系统仿真关键技术的突破,形成一批具有自主知识产权的仿真技术平台和工具环境。专利申请数年均增长30%、有效专利数量持续增长,一批领军人才脱颖而出。

（2）应用推广目标

在国家向信息化转型发展进程中，系统仿真技术和产品将广泛应用于国防、工业及其他产业的各个方面，实现与信息技术和领域应用的深度融合，特别是作为现代高科技装备的重要组成部分，将在系统与装备的论证、研制、生产、培训、使用和维护过程中发挥不可或缺的作用，成为新一轮工业革命和科技革命的引擎之一。仿真产业将成为代表国家关键技术和科研核心竞争能力的标志性产业，具有自主知识产权的系统仿真平台和技术产品将在全球仿真市场上形成一定的竞争能力。

（3）产业规模目标

系统仿真技术体系和产品体系进一步优化，产业结构更趋合理，一批具有竞争优势的知名品牌产品进入国内外市场。仿真产业经济总量在2013年达到1100亿元人民币，其中中国自主仿真产业实现年均增长20%以上，总收入每五年翻一番。仿真技术产品不断推向国际市场，中国自主仿真技术与产品出口成交额年均递增20%以上。

（4）综合保障目标

从寻求和保持国家技术领先地位角度出发，制定鼓励仿真产业发展的中长期规划与政策，设立国家重大科技项目支持仿真产业发展。逐步建立起政府为主导、企业为主体、政产学研经协同创新的产业联盟，建设一批仿真产业国家实验室、工程中心、产业基地，形成知识创新、技术创新、产业创新、应用创新体系，系统仿真平台和技术产品的自主保障能力显著提高。力争通过三个五年计划，根本扭转核心技术产品依赖国外、受制于人的局面。

（三）发展途径与趋势

1. 选择产业发展的战略重点

面对世界日新月异的科技发展新态势和新一轮的科技革命，应该清醒地认识到，我国在系统仿真许多领域和方向上存在很多薄弱环节，需要加快和加强布局。当前，针对经济社会的重大需求、世界仿真科技发展趋势、我国有可能率先取得突破的领域，应该选择仿真产业发展的战略重点，有效组织资源，集中力量突破。

在满足国家经济社会重大需求的领域和方向上，需要加快或加强布局的系统仿真重点领域应包括：一是要围绕海洋、太空、赛博安全以及国家战略利益拓展的需要，加强体系仿真研究与开发；二是要按照信息、智能、绿色、服务、融合等发展趋势，重点加强先进制造系统仿真技术研究，提升智能制造、增材制造、微纳制造、生物制造能力;三是要加强国防科技、绿色能源、生命科学、社会治理等多个领域的系统仿真研发和应用,通过在线动态仿真等技术,推进系统仿真向各个领域的渗透,取得经济效益和社会效益的双重突破。

在顺应世界仿真科技发展趋势的领域和方向上,需要加快或加强布局的系统仿真重点领域应包括:一是要加强网络化仿真技术和平台开发,针对云计算、物联网、下一代通信网络、智能移动通信技术发展,提供先进的仿真网格、云仿真平台等技术产品;二是要加强智能系统建模与仿真研究,开展认知科学、信息科学、社会科学等领域协同仿真和联合攻关;三是要加强基于大数据平台的数据驱动仿真研发,提供分析研究大数据规律的仿真手段;四是要加强基础科学、环境科学等领域的仿真技术研究,为国家科技创新提供支撑。

在我国有可能率先取得突破的领域和方向上,需要加快或加强布局的系统仿真重点领域应包括:一是要加强复杂系统和复杂环境仿真技术研究,形成具有中国特色的仿真模型体系和应用体系;二是要加强高性能计算与仿真、嵌入式仿真、虚拟样机的研发工作,形成系列化的仿真平台和工具;三是要加强对以泛在信息技术为核心的普适化仿真研究,适应信息化社会的发展需求。

2. 把握产业发展的主要趋势

在人类社会向信息时代快速转型的大背景下,仿真产业发展也面临着诸多挑战和机遇,不仅受到信息科技发展等相关领域环境变化的影响,而且产业自身的不断进步与演化也呈现了绚丽多彩的局面。针对仿真产业科技含量高、市场需求大等特点,为了培育产业发展的竞争优势,我们应该从理论方法、建模技术、支撑环境、应用领域等方面,把握产业发展的主要趋势,积极推动仿真产业健康、可持续发展。

在系统仿真理论方法方面,目前呈现了多种理论方法交叉汇聚的趋势。不仅涉及系统科学、信息科学、管理科学等普适的基础科学理论和方法,而且也涉及相似理论、建模理论、仿真系统理论、仿真应用理论等仿真学科的专用基础理论和方法。目前,系统仿真理论方法研究尚处探索阶段,有很大的创新空间,既有科学理论问题,也有技术与实践问题,还有方法论和方法问题,各种理论方法的交叉、融合与汇聚,不断催生新的学科生长点,“整体统一”的理论方法研究已经成为系统仿真理论方法研究的发展方向和追求目标。这些研究热点问题将对仿真产业的继承、发展、创新、跨越产生重大影响。

在系统仿真建模技术方面,目前呈现出既高度分化又高度综合的两种明显趋势。一方面随着系统仿真在各个领域的广泛应用,使得面向新应用领域的仿真建模方法技术不断增多;另一方面,面向复杂问题求解的复杂系统建模方法技术正在迅速发展,正在综合集成多学科、多领域的研究成果。这两种趋势相辅相成、互相促进。尤其是后者展现出来的新研究热点，如复杂系统整体涌现性建模、人机物三元融合建模、智能移动系统建模、人工智能建模、基于大数据分析建模等，已成为近年来系统仿真建模技术的关注重点。其研究方法的发展动态包括基于 Agent 建模方法与复杂网络理论的结合、人工生命演化建模方法等。

在系统仿真支撑环境方面，网络化仿真与 LVC 混合仿真体系结构仍然是主要发展趋势。其中，网络化仿真支撑环境是在计算机技术、信息网络技术作为基础的信息环境变革推动下，逐步发展起来的，从 DIS、HLA 等分布交互仿真支撑环境，到面向服务的分布式仿真系统 SODS、可扩展建模仿真框架 XMSF、仿真网格、云仿真平台，也将伴随着计算机进入“后 PC 时代”、互联网进入“后 IP 时代”、信息技术进入“泛在服务时代”、科学研究出现“数据密集范式”，逐步向协同化、智能化方向发展。LVC 混合仿真将吸纳各种仿真模型和数据、虚拟现实技术、虚拟样机技术、可视化仿真技术等仿真资源，形成新型的仿真体系结构框架。

在系统仿真应用领域方面，系统仿真与不同应用领域的交叉、渗透、融合是主要趋势。系统仿真与信息技术等领域在深度和广度上的不断融合，可以用于展现各个行业已有能力，作为应用系统和实用装备的组成部分，提供平行运作、虚拟实验、人机交互的手段；也可以用于培育提升各个行业的实力，紧贴应用实际，开展系统培训、综合试验、分析评估；还可用于探索各个行业的未知领域，提供概念演示、方案论证、综合验证手段，催生各个行业的变革性创新。目前，通过构造虚实结合的实验环境和采办管理环境，系统仿真已经成为各个应用领域不可或缺的工具，为人们认识世界和改造世界提供了新的方法和手段。

（四）发展措施与建议

1. 制定产业发展政策

仿真产业作为国家新兴战略性产业的组成部分，应从国家科技战略发展和确立国家技术竞争优势的角度，进行整体谋划，制定鼓励仿真产业发展的中长期规划与政策措施，设立国家重大科技项目支持仿真产业的发展。

应集聚国内多方力量共同参与仿真产业战略研究，加强产业发展项目执行的监督、预警、评估，跟踪重点任务实施效果，对比分析国际最新进展，开展持续、滚动的发展研究，针对性地提出调整建议，为国家科技发展决策提供支持。

2. 创新驱动，深化企业改革，加强自主创新研究

历史和现实一再证明，仿真产业的自主创新能力是买不来的，必须依靠“自力更生、艰苦奋斗”的精神，通过长期持续的培育，才能逐步形成。它是仿真产业可持续发展的生命保障，需要国家科技实力作为支撑。

制造业正面临新工业革命的前夜。仿真产业是新兴制造业的重要组成部分。新工业革命中的制造范式:基于数字化、网络化、智能化制造技术的敏捷化、绿色化、全球化、个性化、服务化智慧制造。因此,我国仿真企业本身急需培育新型制造模式与手段(如工业4.0及云制造等):以人为本,借助仿真科学技术、新兴信息科学技术、智能科学技术及仿真应用领域的技术等交叉融合的技术手段,围绕提高企业竞争能力的目标,使我国仿真产业实现"产品+服务"为主导的随时随地按需的个性化、绿色化、社会化制造。

目前,应针对经济社会的重大需求、世界仿真科技发展趋势、我国有可能率先取得突破的领域,扶持仿真产业发展的重点项目,加强自主创新研究与开发,形成相关技术群的战略竞争优势,带动自主创新能力的整体跃升。

3. 建立国家产业基地和联盟

应适应"创新驱动"发展模式,建设一批仿真产业国家公共创新平台,包括各类实验室、工程中心、产业基地,形成知识创新、技术创新、产业创新、应用创新体系,显著提高系统仿真平台和技术产品的自主保障能力。

应逐步建立起政府为主导、企业为主体、政产学研经协同创新的产业联盟,推进系统仿真向各个应用领域的交叉、渗透、融合。同时,制定不同区域发展规划,建设仿真产业区域创新集群,有效整合资源,提高创新效率。

4. 鼓励国际交流合作

充分利用全球化和对外开放的有利条件,积极开展系统仿真技术的国际项目合作、企业合作、研究机构合作和人才培养。不断创新仿真产业的国际合作模式,多层次、多渠道、多方式推进国际合作与交流,利用国际化环境迅速提升系统仿真技术水平。

应重点加强仿真理论方法、标准规范、建模技术、支撑平台与仿真工具等方面的国际合作与交流,"走出去、请进来",尽快形成国际领先的技术和产业优势。通过开拓系统仿真技术国际市场,提高其整体竞争能力。

5. 塑造产业整体结构

发挥政府主导资源配置作用,将仿真产业发展作为长期任务。统筹国家对研发机构的各种支持方式,以重大项目为纽带组织开展协同攻关,支持产业力量的优化集聚与并购重组,通过市场化运作等手段,塑造国家仿真产业整体结构。

高度关注仿真产业管控、信息安全等问题,尤其是在核心技术与装备进口及国际合作过程中,应加强针对系统硬件、软件、基础信息的安全测试与认证;同时应制定相应法律法规和指南要求,加强仿真产业监管,避免造成损失。

6. 强化人才队伍建设

积极推进人才兴业战略,吸引和培养高素质人才参与系统仿真科技和产业发展事业中。采取有效的措施，在确保国家安全的基础上，通过自主培养和智力引进等措施，吸纳国际顶尖的系统仿真技术研发人才。

在相关高等院校加强系统仿真学科设置，提高我国系统仿真高层次人才的教育培养能力；对仿真产业的高精尖技术人才和经营管理人才，提供一流的研究和生活环境，制定相应的政策法规，不断壮大高水平人才队伍。

参考文献

工业 4.0 工作组. 2013. 实施“工业 4.0”攻略的建议. 德国联邦教育研究部.

李伯虎，张霖，柴旭东，等. 2010. 云制造——面向服务的网络化制造新模式. 计算机集成制造系统，16(1)：1－8.

中国系统仿真学会. 2010. 仿真科学与技术学科发展报告. 北京：中国科学技术出版社.

Alain-Jérôme Fougères. 2011. Modelling and simulation of complex systems: An approach based on multi-level agents. International Journal of Computer Science Issues, 8(6):1.

Alexander R. 2007. Using simulation for systems of systems hazard analysis. University of York.

Antonino G S, Zachmann G. 1998. Integrating virtual reality for virtual prototyping//Proceedings of the 1998 ASME Design Technical Conference and Computers in Engineering Conference. Atlanta, Georgia: 13－16.

Azuma R, Baillot Y, Behringer R, et al. 2001. Recent advances in augmented reality. Computer Graphics and Applications, IEEE, 21(6):34－47.

Brown D L. 2009. Modeling, simulation and analysis of complex networked systems: A program plan for DOE Office of advanced scientific computing research. United States. DOI: 10.2172/1020327.

Buyya R, Yeo C S, Venugopal S. 2008. Market-oriented cloud computing: Vision, hype, and reality for delivering IT services as computing utilities// Proceedings of the 10th IEEE International Conference on High Performance Computing and Communications.

Cayirci E, Marincic D. 2009. Computer assisted exercises and training: A reference guide. Hoboken, NJ: John Wiley & Sons.

Gowda S, Jayaram S, Jayaram U. 1999. Architectures for internet-based collaborative virtual prototyping// Proceedings of the 1999 ASME Design Technical Conference and Computers in Engineering Conference. Las Vegas, Nevada: 11－15.

Helmstetter C, Joloboff V, Xiao H. 2009. SimSoC: A full system simulation software for embedded systems. International Workshop on Open-source Software for Scientific Computation. Guiyang, China.

Glotzer S C, Kim S, Cummings P T, et al. 2009. International assessment of research and development in simulation-based engineering and science. International Assessment of Research and Development in Simulation-Based Engineering and Science-Research Gate.

Legrand A, Marchal L, Casanova H. 2003. Scheduling distributed applications: The SimGrid simulation framework// Proceedings of the 3rd IEEE/ACM International Symposium on Cluster Computing and the Grid.

McGrath D, Hill D, Hunt A. 2006. IC2020: Embedded simulation for next generation incident command software// Proceedings of the 2006 Huntsville Simulation Conference. Huntsville, AL.

Minar N, Roger B Y, Chris L Z. 1996. The Swarm simulation system: A toolkit for building multi-agent simulations. Working Papers.

Oden J T, et al. 2006. Revolutionizing engineering science through simulation// National Science Foundation. Report of the National Science Foundation Blue Ribbon Panel on Simulation Based Engineering Science.

Belytschko T, Fish J, Hughes T R J, et al. 2004. Simulation based engineering science: A report on a workshop held under the auspices of the national science foundation. http://www.sandia.gov/tecs/studies/SBES_Workshop_I_Report.pdf.

Song P, Krovi V, Kumar V, et al. 1999. Design and virtual prototyping of human-worn manipulation devices// Proceedings of the 1999 ASME Design Technical Conference and Computers in Engineering Conference. Las Vegas, Nevada: 11-15.

Steel J. 2000. The use of DIS and HLA for real-time virtual simulation. The Second NATO Modelling and Simulation Conference. Shrivenham, UK.

Tolk A. 2012. Engineering principles of combat modeling and distributed simulation. Hoboken, NJ: John Wiley & Sons.

Torsten R. 2008. The digital factory from concept to reality// A Bentley Solution Paper for Automobile Manufacturers.

Van H, Parunak H V D, Savit R, et al. 2000. Agent-based modeling vs. equation-based modeling: A case study and users' guide// Proceedings of Multi-agent Systems and Agent-Based Simulation.

范文慧　1966年出生，清华大学自动化系教授，博士生导师。中国系统仿真学会常务理事，中国系统仿真学会仿真应用专业委员会主任委员，中国系统仿真学会科普与教育工作委员会副主任委员，中国自动化学会系统仿真专业委员会副秘书长。中国《系统仿真学报》编委，美国国际建模与仿真学会会刊《仿真》副主编。长期从事系统仿真与虚拟制造等方向的研究及教学工作。先后主持完成了多项国

家、省部级重点科研课题,包括国家自然科学基金、国家“863”计划、国家科技支撑计划、国防预研等,先后获教育部科技进步奖二等奖2项,北京市科学技术奖二等奖、三等奖各1项。先后以第二作者出版《离散事件系统建模与仿真》、《连续系统建模与仿真》、《系统仿真导论》专著3部;《仿真建模与分析》、《离散事件系统仿真》译著2部;以第一作者出版《虚拟产品开发技术》、《产品数据管理(PDM)的原理与实施》专著2部,发表论文80多篇。

兵棋推演与复杂系统管理
——仿真工程的应用创新与实践

胡晓峰

国防大学

一、引言
—— 从美军的几场演习谈起

(一) 美军主导的几次演习

1. 美军“内窥03”兵棋演习

2002年11~12月,美军为准备伊拉克战争,组织了大规模的兵棋推演,被称为“打伊倒萨”的战争彩排。由弗兰克斯四星上将指挥,美军驻卡塔尔战区司令部及下属全部师以上指挥机构参演,总人员3000余人。

演习取得了两大成果。第一,完整推演了伊拉克战争的整个作战方案,对一些不合理之处进行了修订,确保作战方案不出现大的纰漏。战后评估证明:兵棋推演的作战进程与实际进程基本吻合。第二,参战指挥员及其指挥机关全员参与了推演,熟悉了作战方案和作战进程,确保作战行动能按照预定计划实施。战后评估证明:伊拉克战争取胜,兵棋推演起到重要作用。

兵棋推演完毕后,参演部队直接走上战场,参与了伊拉克战争。因此,这次演习被称为战争“热身赛”,兵棋推演由此被誉为“第0.99场战争”。

2. 美军“空海一体战”战略相关演习

美军通过兵棋推演形成了专门针对中国的“空海一体战”战略。这是因为美军认为我军通过所谓的“DF-21D”等新型武器装备,在1500海里(1海里=1.852千米)区域内对美军形成拒止能力,限制了美国所谓的“战略行动自由”,这是他们最不能容忍的。因此,美军通过兵棋推演研究提出相应的对抗措施,即发展X37B空天飞机、超声速X47B攻击型无人机等新型装备,采用离岸制衡战略等,来进行对抗。

同样,美国兰德公司也通过兵棋推演,对“钓鱼岛空战”进行研究,研究美国、日本对钓鱼岛的“防卫”措施。经过分析和推演,他们认为,由于我军的导弹威胁,美军第一岛链基地需要后撤至关岛等地,而其距钓鱼岛 2580 km,F22 战机需两次加油才能到达。在这种情况下,如果我军的三代机与其四代机 F22 进行“多对多”交战时,我军的数量优势可抵消 F22 的质量优势。

3. 社会危机管理推演

从 2001 年“9·11”后开始,美国对可能的恐怖袭击、社会重大危机等进行了连续多年的兵棋推演,研究其规律以提前预防。其中很著名的案例是以波特兰市为对象的“天花病毒恐怖袭击”兵棋推演,模拟了恐怖分子对波特兰市的恐怖袭击,以及相应的对策,找到了控制人群隔离的关键要素。

事实上,美国还对世界范围的禽流感蔓延预防、HIV 蔓延等都进行了兵棋推演,以取得控制传染病在社会蔓延的方法。

4. 经济与金融危机推演

美国国会跨党派政策研究中心先后组织过多次研究政府政策的兵棋推演。比较著名的有:一是“石油风暴”推演,推演如果伊朗控制伊拉克油田后,导致全球范围的能源、安全危机及对美国的影响,有 9 名政府前高官参演,200 多人参加观摩、讨论;二是“网络冲击波”推演,推演了世界范围的网络危机带来的相关问题。这些推演的结果,后来都体现在政府的政策和决策之中。

另一个很有名的演习是号称“金融大战”的推演,研究由于朝鲜危机导致的连锁经济反应,形成世界范围的金融冲突影响及对策。该演习由美国霍普金斯大学战争分析实验室主办,采用五方对抗方式,军方代表观摩。

(二)演习特点及带来问题

请注意这些演习的特点。第一个特点,是推演的领域多种多样,既有军事的,也有经济和社会的,但基本上都属于复杂系统范畴。过去我们有个误区,似乎兵棋推演一定都是军用的、关于作战的,但实际并不是这样,战争系统、社会系统、经济系统等各个领域都可进行兵推。第二个特点,是推演规模可大可小,但都采用对抗的形式。具体的形式取决于演习的目的和推演需要——是研究问题,还是训练人员;是仅有少数人参加推演,还是多达几千人的训练推演。第三个特点,是推演平台种类繁多,但都支持动态的过程。这些既可以是仅有简单的环境布置、人工的推演形式,也可以是采用大型仿真系统全面支持的推演形式。

从这些演习中,我们可以看到许多问题。一是美军为什么要不断地搞这些兵棋演习?研究的这些问题到底有哪些特点和性质?兵棋推演与那些研讨会、专家分析有何不同?二是兵棋推演的作用有哪些,又如何体现?推演是为了预测胜负,还是为了发现问题、寻求方案?推演的组织如何进行,应该具有哪些关键要素？三是兵棋推演仿真平台是什么样的系统？在技术上和方法上会有哪些独特的地方？未来发展又会有哪些重要的趋势？对于这些问题将在下面进行简单的分析和探讨。

二、复杂系统管理带来的挑战——为什么要进行兵棋推演

（一）复杂系统带来的问题

社会系统、经济系统、战争系统等都属于复杂系统，对它们的管理就必须采用与其特征相适应的方式进行。但过去由于没有相应的方法和手段，对这一类复杂系统的管理就显得比较简单和随意，效果也就不是很好。

社会系统管理，包括社会行政管理、社会舆论引导、商业战略制定等，都需要了解社会系统的运行方式，从而找到合适的方法加以引导和控制。但当年“郭美美事件”对红十字会造成不良影响时，红十字会就处置不当，从而惹翻舆论，导致十几年翻不了身。这方面的案例现有不少。

在危机系统管理方面，对流行病、恐怖袭击、经济危机等的处置，也需要真正了解危机的机理，并能事先训练，才能从容地应对。但当年“非典”来袭时，北京市政府却惊慌失措，导致信誉尽失，颜面扫地，就是缺乏符合实际的应对举措，也缺乏恰如其分的人员训练。后来，在“禽流感”袭来之时，各级政府能从容面对，就是吸取了“非典”的教训，相当于将“非典”当成了一次训练。

对于战争系统的管理，就更是如此。战争打起来不易，但管理起来更难。阿富汗战争、伊拉克战争实际作战时间并不太长，但时至今日美军仍脱离不开战争的泥潭，也与没有很好地实现对战争复杂系统的管理密切相关。现在“伊斯兰国”ISIS 又来了，美军就更是疲于奔命。事实上，对于作战及战场管理、武器装备体系发展等，也都是如此。

（二）复杂系统的性质与兵棋推演

为什么复杂系统难以管理和控制？这与复杂系统的基本特征和性质有关。

首先从复杂系统的特征来看。第一，系统组成复杂，系统的组分量大且种类繁杂，而且往往以“系统的系统”（体系）的形式出现，就更加大了组成复杂性。第二，系统活动复杂，系统各组分会在活动中相互适应和博弈，从而导致系统的结构也会不断地发生演化。由于系统的结构不断演化，因而也就会涌现出新的系统性质，导致完全不同的功能和形式。第三，系统演化效果复杂，直接效果与间接效果并存，组分之间会有级联影响、连锁反应，从而形成整体性的效果。总

之，复杂系统就是一个“活的”的系统，会不断发生演化，也会不断成长和衰退。

再看看复杂系统的性质。第一，复杂系统具有不可分解性，局部不决定整体，因为对复杂系统的分解可能会导致某些性质丧失，也就失去了复杂系统的本来面目。从这个角度来说，过去以还原论方法为主的分解还原方式，不再适应复杂系统管理的需要。也就是说，对复杂系统的管理必须要“从整体入手”才行。第二，复杂系统的结构具有适应性，会随环境而动态可变，会不断发生演化，而且可能是非线性的。小动因可能带来大后果，结果不可预测，也可能不唯一。因此，传统静态分析方法已不可行，复杂系统管理要在“动态中随情而变”。第三，复杂系统的能力具有相对性，而且要在博弈中才能体现。像战争、危机和社会系统等系统，都会以多方博弈、对抗，至少也是竞争的方式出现，而不会以单方方式出现。因此，一厢情愿的单方评估已不可行，复杂系统管理要反映“对抗中的真实”。

所以，对于复杂系统的管理，就不能沿用传统的静态分析、局部研究、单方思辨的方式，而取而代之的是以“整体、动态、对抗”的方式进行研究和评估。这就使得兵棋推演成为“不二的选择”。这是因为，兵棋推演可以做到以下几点：一是从全局整体性出发，针对统一目标，参加推演可以分部门、岗位，但是必须模拟具体管理决策部门；二是采用对抗方式进行，分方进行博弈，对抗可以激发出创造性思维，而这是思辨方式无法做到的；三是在动态过程中决策，不间断地评估。决策者要对决策后果负责，这是那些“不需负责的讨论”，如专家论证会、研讨会所无法比拟的。推演目的也是为了发现问题，推演结果可以优化决策。

三、兵棋工程的研究与实践
—— 仿真平台、推演组织与工程建设

（一）兵棋推演的平台

1\. 兵棋与兵棋系统

兵棋推演的平台也就是战争仿真系统，这是兵棋推演的物质基础。兵棋最简单形式就是“棋”，也即人工兵棋，用于战争游戏、战略方面的推演，早期最辉煌的成就就是在海湾战争来临时，客串了一把主角，美国军方临时采用了一个称为“海湾打击”的手工兵棋。最复杂的形式是大型专业化兵棋演习系统，也称为战争模拟系统。如果需要简单形象地说，就是这种系统可以“装入一整场局部战争”，并可以与作战系统无缝对接，由此可见其规模之大，但却没有了“棋”的特征了。处于两者之间的，就是各种形形色色、大大小小、专业或非专业的电脑兵棋了。

简易型兵棋包括手工、电脑两大类,最初主要用于作战推演。它的三要素是棋盘(战场)、棋子(兵力)和规则(行动及约束),按照轮次通过规则表和计算器等推演行动过程。通过推演,可以研究作战行动与指挥得失等方面的问题。

大型兵棋系统是战争仿真系统中最复杂的一种类型,一般都是由国家、军方主导研发,投资巨大,开发周期很长。最典型的是美军用于伊拉克战争的"联合战区级仿真系统 JTLS",这还是比较小的一种,已连续不断开发 30 多年,被应用于阿富汗战争、伊拉克战争等。台湾当局 2003 年引进,每年用于举行"汉光"兵棋推演。

大型兵棋系统的特点主要在以下几个方面。一是推演的规模大,一般能够对大规模联合作战、全球性危机进行全面推演,可模拟的部队人数可达百万量级,民众更是达到亿量级不等。二是专业化程度高,支撑数据全面精细、模型规则准确可信并且得到官方认证。关键是可以与实际系统专业指挥系统、战略情报、战场监视等系统对接,战训完全一致。三是演习的内容全,根据推演的类型,可支持多对抗方、多层次、全要素推演,参演计算机可能会高达几千台以上,需要大型服务集群甚至巨型计算机的支持。

有人将大型兵棋演习系统也称为"大国重器",这就像粒子对撞机、超算中心一样,是一个国家战略能力的标志。这是因为大型兵棋系统发挥的作用非常突出:第一,推演问题都在战略战役层面,关系国家存亡,问题大;第二,参演人员都是高层决策者、指挥员及助手,层次高;第三,推演结果会影响到国家和军队的高层决策,影响深;第四,系统设计极为复杂,耗资巨大,不是谁都可以搞的,世界也仅有几家。

我国研发的"大型战略战役兵棋演习系统"是由国防大学完成的,这是我国第一个、也是唯一一个大型兵棋演习系统。已经用于多场大规模战略战役演习,取得突出效果。中央电视台新闻联播及各大媒体 2014 年 7 月正式公开报道。

2. *大型兵棋系统的关键技术*

大型兵棋系统有许多不同于简易型兵棋系统的关键技术,下面简单介绍部分关键技术。

第一,战争复杂系统建模。也即如何创造出符合复杂系统特点的战争模型,既能反映微观的作战行动,又能反映宏观的客观规律。

第二,兵棋推演规则体系构建。也即建立起所有推演行动的规则体系,在系统中实现战役战术规则,以及完成定性定量结合的科学与经验计算。这种计算有时是极为繁杂和精细的,为的就是使得推演结果尽量接近真实。比如地面作战的战损计算,虽然只是几千个模型中的一个,但它也要为 700 多种交战形式生成近 300 个数学矩阵,才能完成。

第三,数据组织及多重关系建立。也即如何建立起大规模数据基础及其战术、保障关联关系。除了必须建立的作战过程外,还必须描述出相应的保障、环境的关系。比如弹道导弹的作战过程,会与大气风向影响、电子战干扰、飞行过程相关,也会与导弹的重量、外形尺寸以及可以通过的桥梁、隧道、道路等保障过程相关。这个关系对成千上万的武器装备、作战和保障部队,以及战场环境等都要建立,可见其工作量的巨大。

第四,感知真实性的建立。也即如何创造出符合情报侦察认知特点的战场感知环境。因为在实际战场上,每一方所显示的态势都不是一样的,有 N 方对抗,就需要 $N+1$ 种态势。因为所有态势都是由各方的侦察情报能力决定的,这就意味着需要为每一方都建立其符合其侦察情报能力特点的态势数据关系出来。

第五,大规模仿真计算服务架构。也即如何实现多层级多要素态势、报告及数据的快速组装分发。因为大型兵棋系统支持的是战略战役层次的演习,参演的指挥机关多层次部署,岗位繁杂,人数众多,为达到全员受训的结果,就必须为每个不同的岗位推送不同的态势及报告等信息,这就需要系统能够在很短的时间内快速分发,并且及时响应。

第六,大规模实体实时推演。由于推演的战争规模大,涉及的要素多,既可能有各种参战部队和装备,也可能有涉及的民众和机构,如果需要就都需要推演。对系统来说,就会提出如何实现百万以上量级作战及社会实体的多核并行推演计算的问题,这就需要在系统研发时加以解决。

第七,全面灵活的系统导控。也就是如何实现在动态过程中对推演行动参数进行精细化调控,正确反映导演部和首长的意图。

第八,作战过程回放及分析。也即如何实现多维度、多线索、多视角可视化分析、回放与复推,用于对作战过程重新研究和理解。这就需要数据采集和存储、深度挖掘分析、多模态显示回放等新技术的运用。

系统的研发,就是利用先进仿真技术,建立起能够模拟战争的基本平台,从而实现对战争进程的推演,以及对参战指挥员的训练。

(二)兵棋推演的组织

兵棋推演组织,是发挥仿真系统作用的关键。事实上,兵棋系统研发完成,工程也仅完成一半。就像搭起了先进的舞台,最终还是为了唱好大戏。军用兵棋的作用主要集中在两大类应用上,也即战争推演和人员训练。对于危机、社会、企业等领域的兵棋推演,大多数集中在战略决策层级,少量也有操作层级的。组织推演的目的,就是实现对复杂系统的管理。

1. 想定设计

确定推演的“问题”是什么。由推演问题带动对抗各方获取解决问题的答案。这就需要通过想定设计(剧本)来表达问题。例如,美军的朝核推演,就设定一旦朝鲜内乱,如何不使核武器失控;美国卫生防疫局的流行病推演,设定的问题是疫情流行中给什么人接种疫苗最有效。

推演的目的不是预测,而是研究和发现问题,这也是所有仿真系统的目的,但经常被人误解。对于复杂系统而言,也根本不可能进行简单预测。

2. 演习设计

演习也就是确定推演采用什么样的形式。例如,多少方参与对抗,是两方、三方,还是更多方?哪些方参与推演,是直接方、间接方,还是抽象方(如企业战略推演中的“市场”)?以什么形式对抗,是回合制(战略)还是实时制(作战)?时间怎么安排,是集中几天完成,还是在较长时间内完成?设计什么环节,是预推、复推、重推,还是封闭推、透明推?

3. 人员选择

人员选择即确定哪些人参与推演。兵棋推演与游戏最大的不同就是专业化,而专业化首先就是推演人员专业化,必须由相关人员或专家扮演。例如,在美国石油风暴演习中,就由原美政府高官担任了各种角色,包括前国家安全事务助理、前国防部长、前能源部长等均参加了推演。如果可能,由当事方直接参演效果更好。

在一些小型的推演中,直接当事人参加推演就更为理想,如危机推演中的政府负责人、企业战略推演中的企业负责人等。

4. 流程设计

通过流程设计确定分析“问题”的过程。在战略及危机推演中,经常采用“日后”(The Day After)分析法,也就是将未来的某一个危机时刻作为推演的起点,推演危机事件发展的过程、产生的问题和解决的效果,然后返回到当前,来确定现在开始采用何种措施,才能确保未来的危机能够掌控。对于联合战役推演,其推演指挥流程与实际作战流程则完全一样。

5. 战略战役演习

我国第一次战略兵棋推演,由中国国防大学完成于2006年。参演人员均是我国军队和地方的高官,采用“六方对抗”的方式,研究了一系列重大战略问题。形成的演习模式,已经通过战略模拟系统技术转让方式,被推广到国外,为外军所用,这在我国还是第一次。采用的系统为“决胜”战略兵棋推演系统,将对抗式研讨、战争及社会模拟方法,以及综合集成研讨思想相结合,实现多方对抗,得到了钱学森的好评。该系统可对军事行动、民意舆论、经济发展、国际生态等进行模拟，并实现了对某地区的交通、通信、能源、电力和民众态度等仿真。

战役对抗演习也由中国国防大学首先完成。早在1997年已经开始，但战役兵棋推演则是从2010年才逐步成为基本战役训练模式。由大型战略战役兵棋演习系统支撑全军兵棋推演，形成了2种类型（开放、封闭）、3种模式的推演类型，可支持多方战区级对抗，可模拟部队达到百万人量级，作战行动涵盖陆海空天网电各领域，可细化到单机单舰小分队。

（三）兵棋工程建设与管理

兵棋工程建设是一个综合性系统工程，涉及多个学科领域，包括军事学、社会学、工程学、管理学等；需要各种技术支撑，包括计算机、通信网络、人工智能、多媒体等；涉及大量基础理论，如数学方法、军事运筹、决策分析等。

兵棋工程的建设本身就需要复杂的工程管理支持，包括大型仿真与软件系统工程，代码量级一般都在千万行以上；大型数据与规则系统工程，规则、数据也是海量规模；演习相关的组织系统工程，更是涉及决策者、指挥员等。

1. 软件系统工程管理

软件系统工程建设主要完成兵棋系统的研发管理。对于超大型仿真软件系统，工程管理本身就是难题，需要工程的严谨、创新的灵活、分工与合作各方面的统一，标准化、成熟度、可靠性、友好性等指标也需要完善。从20世纪90年代末开始，我们先后研发的三个大型仿真工程软件系统，工程管理逐步走向完善，软件的成熟度也不断提高，已经参与过多次演习，基本没有出现大的软件故障和死机现象，就很说明问题。

2. 数据系统工程管理

数据系统工程建设是为兵棋工程建设提供数据支持。兵棋数据一般分为基础数据、想定数据、推演数据三类，通过系统工程方法收集、整理和校验相关数据，采用科学方法处理、分析和挖掘演习采集数据，都是数据系统工程的工作。我们提出来的“新三环三证”数据工程流程，确保了数据的规范和准确。这些年参加演习积累下来的有人参与演习数据，已经成为战争分析的数据宝库，也已用于作战体系分析、武器装备体系分析、指挥活动分析等方面。

3. 模型系统工程管理

模型系统工程完成兵棋推演模型建设，包括概念（规则）模型、数学模型、程序模型等。模型建设需要关注以下几个方面：能够通过规则和模型反映各国的作战理论、条令和经验；能够完成一般性模型建模、验模等建设，要有可信度；能够从根本上解决复杂系统建模和校模问题，特别是需要回答诸如“没有打仗如何实现对模型的校验”等问题，这是仿真系统在运用过程被质疑得最多的地方。

这些年来,我们在部队参加演习,兵棋推演在部队演习中从未被质疑过可信度,这与以前的系统大不相同。这就与模型和数据的设计理念符合实际、基础建设比较扎实密切相关。

4. 实验室工程建设

实验室工程完成兵棋工程的“基地”建设,包括基础支撑网络、大型服务器集群、大型显示系统、大规模分布计算机系统、各类数据库和控制设施的综合集成等。我们提出的“云服务”模式,将对实验室建设提出更高要求。

5. 兵棋工程得到中央高度重视

兵棋工程(包括战争模拟系统工程)建设,得到三届中央最高首长的肯定,得到全军指战员的肯定,也得到参与鉴定的院士、专家的肯定。江主席、胡主席、习主席多次视察,这在我国仿真工程建设史上可能是绝无仅有的。

四、兵棋工程未来的发展 ——几个重要的趋势

(一) 发展趋势之一:决策推演普及

兵棋推演将成为我国重大决策和危机处置的重要工具,并且会逐步在各领域流行起来,重大政府决策、外交决策、经济决策,企业的发展决策,各类新型危机研究,如网络危机、能源危机、舆论危机等处置,都会首先通过兵棋推演方式进行。这一点,目前已经初见端倪,这意味着相关的仿真系统与仿真工程会越来越多。

(二) 发展趋势之二:指挥训练常态

兵棋推演将成为我军指挥员指挥训练不可或缺的手段,兵棋演习成为常态化形式。战略、战役演习是最高层演习,过去几乎无法组织,而兵棋推演可以为组织这类演习提供基础性支撑。新型战略空间将成为未来兵棋系统设计的重点,包括太空、网空、基础设施模型等。有了这种手段,就意味着最该得到训练的中、高级指挥员将成为未来演习的重点。

(三) 发展趋势之三:体系成为重点

体系对抗成为未来国家间博弈的基本形式,“体系”将成为兵棋推演的主要对象。“体系”是“系统的系统”,战争是“体系与体系的对抗”,体系级的兵棋推演将为解决战争复杂系统管理提供新的可能,“研究战争、设计战争、推演战争”将不再是一句空话。

（四）发展趋势之四:新技术深度运用

许多新技术、新方法将应用于兵棋推演系统设计之中,大大推进兵棋推演能力的发展。以下一些技术与方法值得关注:一是大数据方法,可以实现复杂系统建模、体系数据分析、"新见"的挖掘;二是复杂网络方法,可以支持复杂性分析、网络化模型、体系评估等;三是云计算服务,主要用于大规模中心化服务的新型系统计算结构。新技术将使得战争复杂系统的仿真再上一个台阶。

（五）发展趋势之五:云服务平台产生

大型兵棋推演平台将以云服务的方式,为我国我军战略战役决策推演、指挥训练提供支持。大型平台肯定不能到处都建,因为其太昂贵、太专业、不常态使用。而是以网络方式提供云服务,可以避免投资浪费、专业人员不足等问题,提高使用效率。现在已经建设的"全军战略战役兵棋演习中心"就是要达成这样的目的。其实,这也是美军的基本做法,战争时前台在前线指挥所,后台在美国本土,如伊拉克战争的"内窥"03 演习。其他类型公共化仿真服务可能也会以云服务的模式提供。

"云服务演习"的支持方式,虽然是网络时代的技术进步,但从本质上看却是演习管理上的一次革命。这使兵棋演习能够符合"战争只要存在,推演永不停步"的规律,也颠覆了传统"一家一户"、"自给自足"的小农经济式的自我保障模式。"专业化"、"网络化"、"服务化",应该是兵棋工程未来发展的高级形式。

五、结语

对复杂系统的管理需要重新认识。世界著名的管理学理论大师彼得·德鲁克对"管理"是这样认识的:"管理是一种实践,其本质不在于'知'而在于'行';其验证不在于逻辑,而在于成果;其唯一的权威就是'成就'。"

兵棋工程为复杂系统管理提供一种"寓知于行"的实践手段,从而达到对复杂系统管理的目的。而这也需要仿真技术与工程不断地创新和进步!

胡晓峰 1957年2月出生,山东栖霞人。教授,博士生导师。研究方向为军事仿真模拟、虚拟现实与多媒体系统、军事信息系统。兼任中国仿真学会副理事长、中国军事运筹学会副理事长、战争复杂系统专委会主任委员、军事系统工程学会副主任委员、中国系统工程学会理事、中国计算机学会多媒体专委会委员。先后获得国家级科技进步奖二等奖2项,部委级科技进步奖一等奖6项、二等奖10项。主要著作有《计算机网络原理》、《多媒体技术原理与应用》、《多媒体技术教程》、《战争模拟原理与系统》(原名《战争模拟引论》)、《战争复杂系统建模与仿真》、《美军训练模拟》、《战争复杂系统仿真分析与实验》、《社会仿真》、《战争工程论》等,发表各类论文200余篇。

航海仿真方法新探

康凤举 等[*]

西北工业大学航海学院

摘要:根据信息时代航海领域的建模与仿真向着自主性、智能性和复杂性方向发展的趋势,本文着重研究了复杂航海系统建模理论和虚拟海洋环境仿真方法,提出编队任务分配结构、免疫系统多智能体及Holon多分辨率等建模方法,开发出一种多层次分布式仿真平台,研制出具有自主知识产权的虚拟海面软件模块,并探索出自动修正的三维视景组合优化技术。

一、自适应的UUV编队协同任务规划

UUV编队协同任务规划是协调复杂环境、水下航行器(Unmanned Underwater Vehicle,UUV)有限资源以及动态任务之间耦合,实现UUV编队生成、任务分配以及资源合理利用等高层决策,提高编队协作能力的关键技术。

(一)建模框架设计

任务规划通常被描述为一个多约束、多目标优化问题,以追求整体效能最大(资源消耗最少、威胁代价最小、时间和路径最短等)为目标,并引入"情感、经验"等因素,来降低时耗、满足通信范围小等约束,这种方法容易导致"能者多劳"甚至能者最后因为资源的匮乏引起"能者丢失",无法保证编队系统的完整性。而负载平衡算法通过均衡每个成员需执行的任务数,来预防"能者"丢失,但该方法以降低系统效能和增加时间为代价,会导致许多任务处于等待状态,降低了工作效率。因此,从任务所需的资源以及UUV的编队协作能力层面研究任务规划问题,为更多不确定的多样性任务在有限的作业时间内被执行提供可能性。图1所示为UUV编队协同任务规划系统框架。

研究一种资源约束下的UUV编队协同任务预规划方法。在以整体完成时间最少、路径最短等传统指标设计任务完成质量最高这一目标函数的基础上,从任务资源需求和UUV编队协同能力出发提出并构建个体和协同能力匹配模型,

* 作者:西北工业大学航海学院康凤举教授,博士生韩翃、郝莉莉、张建春、王顺利。

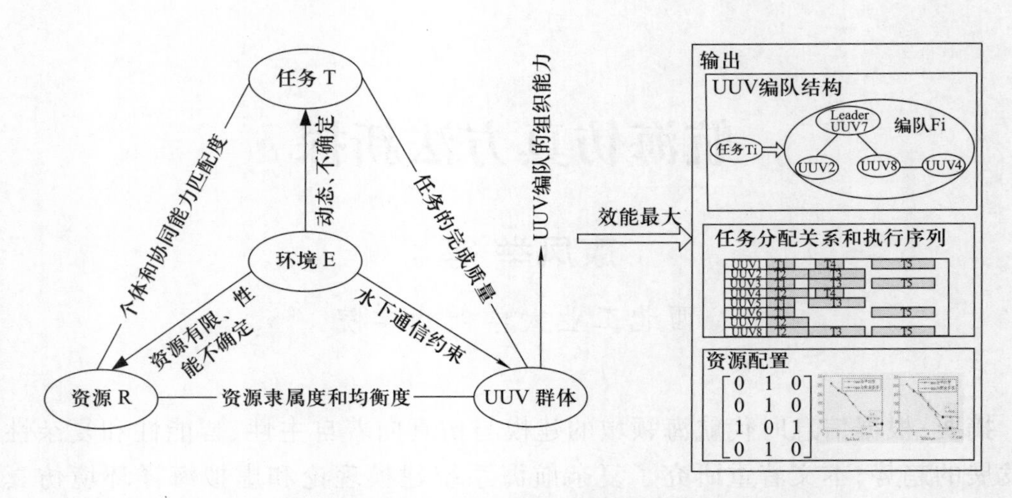

图 1　UUV 编队协同任务规划系统框架

提出了一种基于不公平度的资源均衡策略，结合 UUV 的资源隶属度和水下通信约束建立编队组织能力评估指标，并综合考虑环境、UUV 性能和资源约束，以实现整体效能最大为目标，建立 UUV 编队协同任务规划数学模型，最后通过遗传算法实现了任务的分配、资源的最优配置以及编队结构的形成。

（二）编队结构的自适应调整

异构 UUV 编队动态任务规划时，通过图 1 分析复杂环境的作用机理可知，动态环境决定了任务的序（时间窗）以及任务耦合关系（如 AND 或 OR 任务）的随机变化，UUV 携带的资源能量数量的动态变化，导航、声呐探测设备精度不确定，水下通信约束也会引起时延、噪声等，而这些因素直接影响着编队的组织结构和任务、资源的合理分配。面对复杂环境，以往的动态任务规划主要从以下两个方面研究：① 在固定的组织结构下研究个体之间的协商机制来实现任务的动态分配；② 研究组织或者同盟的生成和重构方法。协商机制满足了资源层次的调整，不影响编队组织，但是只能做到局部最优。同盟生成和重构方法容易引起组织结构的调整频繁，从而对整个规划系统造成牵连，如组织内的其他成员正在执行的任务被暂停，并重新打乱分配，虽然可以满足全局最优，但耗时、易造成系统混乱。图 2 所示为复杂环境作用下的 UUV 编队自适应协同任务规划流程图。

研究一种复杂环境作用下的 UUV 编队自适应协同任务规划方法。分析复杂环境的作用原因和影响因素，构建 UUV、资源、任务的健康状态等动态参数随时间变化的离散事件或连续时间函数；为了解决复杂环境、UUV、资源以及任务之间的紧耦合问题，提出一种分层自适应优化策略，将其由低到高分为编队内资源层、编队间微协商和组织重构三个层面上组织结构调整，并在合同网协商架构

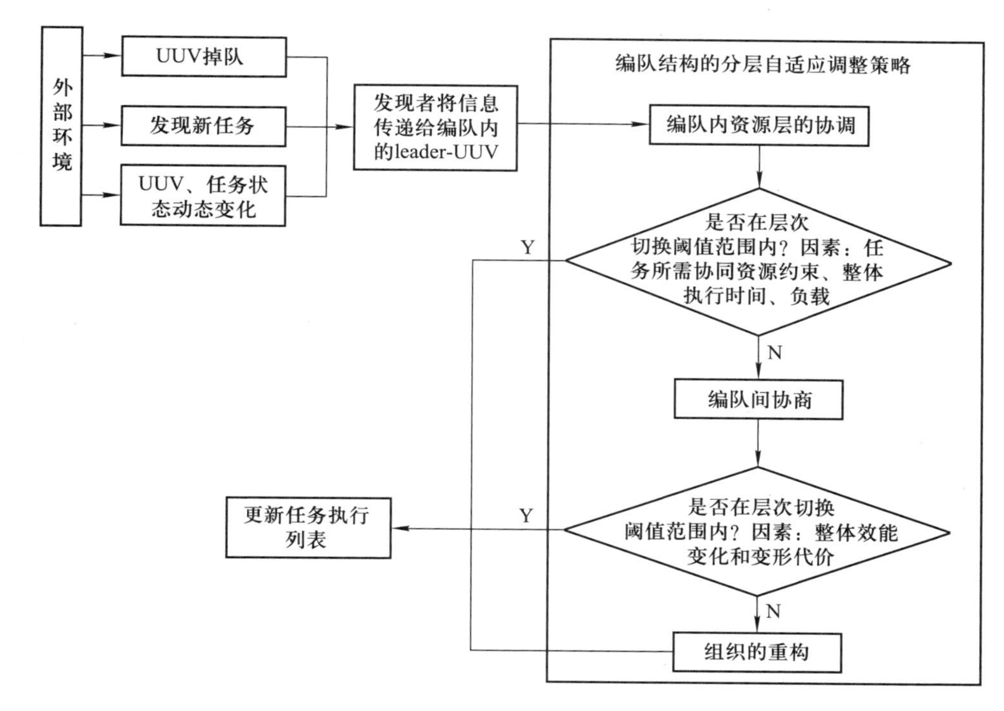

图 2　复杂环境作用下的 UUV 编队自适应协同任务规划流程图

的基础上，根据是否满足任务所需协同资源约束、整体执行时间和负载量等指标构建资源层到编队间微调整的层次切换阈值，并根据整体效能变化值和变形代价来实现编队层面和组织重构层面的自适应切换，从而完成任务的动态规划。

二、编队作战系统免疫多智能体建模研究

在 UUV 编队协同作战的过程中，其特点主要表现为：① 水下环境复杂，复杂海洋环境的不确定性对 UUV 性能的发挥有着重要的影响；② 水下作战任务复杂，UUV 需要在水下完成高难度的任务分配、编队成形、协同搜索和规避障碍等复杂任务；③ UUV 内部结构和逻辑复杂，UUV 通过传感器、控制器和执行器的相互协作，完成三维水下运动。鉴于 UUV 编队协同作战系统具备了复杂系统的特征，从复杂性建模角度出发来分析，已成为一种重要的研究途径。

生物免疫系统是一个高度复杂的分布协调自适应系统，通过识别、学习和记忆等特异性特点，消除不断变化的外来抗原入侵并维护生物体内环境和结构的稳定。人工免疫系统（Artificial Immune System，AIS）作为一种新型的生物免疫系统仿生方法，从免疫系统中抽取识别、学习和记忆有用的隐喻机制，开发相应的 AIS 模型和算法用于信息处理和问题求解。

因此，依据 UUV 编队系统和生物免疫系统功能上呈现出高度的相似性，将

人工免疫系统理论和 MAS 建模理论应用到 UUV 编队建模,构造出一种具有免疫功能的多 UUV 智能体网络模型,利用生物免疫系统的隐喻机制求解编队所面临的自组织性、防御性等问题。

(一) UUV 混合智能体建模

多智能体系统(Multi-Agent System,MAS)建模方法作为一种研究复杂系统的新视角,主要通过对多个独立 Agent 的交互协作进行协调,实现复杂环境下的问题求解。因此,引入多智能体建模理论和方法,建立混合 UUV-Agent 模型,如图 3 所示。

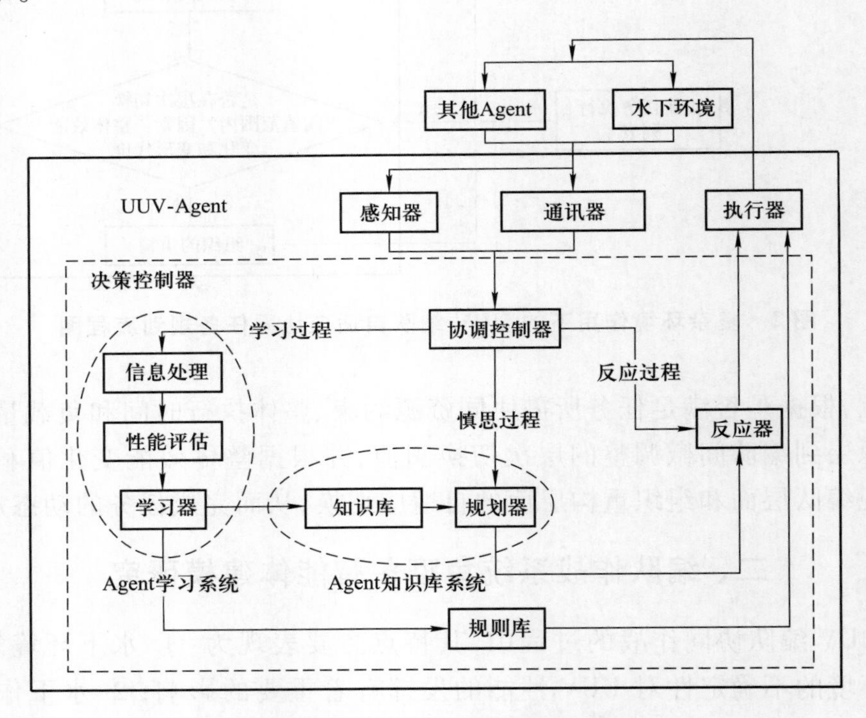

图 3 混合 UUV-Agent 模型结构

通过图 3 可知,UUV-Agent 模型结构能够清晰地表达 UUV 模型各个系统的逻辑控制关系。

(二) 编队与免疫系统的映射

UUV 编队协同作战系统同免疫系统的防御机制非常相似,都是多个个体成员相互协作,保持整体结构和功能的稳定。因此,建立 UUV 作战系统与生物免疫系统的映射关系,如表 1 所示。

表 1 UUV 编队协同系统与生物免疫系统映射关系

序号	生物免疫系统	UUV 编队系统
1	器官	UUV-Agent
2	抗原	水下环境或水下目标
3	自体	正常 UUV 系统/安全环境要素
4	异体	UUV 故障/危险环境要素
5	抗原提呈细胞	感知系统
6	B 细胞	作战方案
7	调节 T 细胞	决策控制系统
8	抗体	火力打击系统
9	记忆细胞	抗体库
10	细胞因子网络	通信系统

（1）器官是参与免疫系统产生免疫应答的物质。其可以表达为 UUV-Agent。

（2）抗原是诱导免疫系统产生免疫应答的物质。其可以表达为水下作战环境(水下目标、特征)。

（3）自体是生物体内细胞或无害的体外细胞。其可以表达为正常 UUV 系统/安全环境要素。

（4）异体是生物体外有害的细胞,即病原体。其可以表达为 UUV 故障/危险环境要素。

（5）抗原提呈细胞是一种吞噬细胞,能够提呈抗原给 B 细胞和调节 T 细胞,起到天然的免疫监视作用。其可以表达为 UUV 传感器系统,能够感知水下战场态势。

（6）B 细胞产生于骨髓中,主要功能是产生抗体。其可以表达为 UUV 水下规避或抗体方案。

（7）调节 T 细胞产生于胸腺中,主要功能是调节 B 细胞的活动。其可以表达为 UUV 决策控制计算模型,实现信息融合、任务分配、运动控制顶层方案设计等作用。

（8）抗体是由 B 细胞产生能与抗原进行特异性结合的免疫细胞。其可表达为完成水下作战任务,UUV 推进系统执行的行为策略。

（9）记忆细胞是生物体在首次遭遇病原体,并已经将其消灭,仍然保留下来的一定数量B细胞,能记忆病原体。当免疫系统再次遭遇该病原体时,记忆细胞能够快速反应并反击病原体。其可表达为UUV水下作战知识库,可以将已经抗击成功的抗击方案保存,作为再次遭遇该类型目标时的备选抗击方案。

(10)细胞因子网络构成免疫系统的信息传递通道。其表达为UUV模型中的通信系统,实现传感器系统、导航控制系统、推进系统的互联互通。

通过建立以上映射关系就可以分析抽取生物免疫系统的识别、学习和记忆机理来分析UUV编队协同建模所面临的问题,将具有重要的理论创新意义和应用前景。

三、Holon多分辨率建模方法的提出

战役推演系统是一个典型的复杂系统。在构建一个战役推演系统时,需要针对大规模联合作战中的作战实体进行建模。在建模过程中存在大量模型的运行、交互问题,还要向不同军种以及不同级别的使用人员提供相应级别的信息和人机接口。在推演过程中,这些实体一般被划分为装备、平台和编队三个层次。这三个层次的模型复杂度和精度依次递减,同时所包含的实体数量依次递增。之所以将这些参战实体按照上述层次进行划分是因为在推演的不同阶段所需要的模型复杂度和精度是不同的。而且在推演过程中,指挥员对于模型所能提供数据的层次要求也是不同的。

通常采用多分辨率建模(Multi-Resolution Modeling,MRM)技术来解决分布在不同层次上的大量实体高效运行以及相关信息的正确交互问题。在采用MRM技术对推演系统中的实体建模后,实体之间的交互会随着分辨率的不同而产生变化,这就要求实体模型具有较强的灵活性,能够使运行在不同分辨率的实体之间正确地交互。因此提出一种基于Holon的动态层次建模方法来解决仿真系统中大规模、多层次的环境模型构建问题。

(一)Holon多分辨率建模概念与特征

什么是Holon?这个词最早出现在Koestler所著的*The Ghost in the Machine*一书中,字面意思是"整体-部分"。Holon描述了一个包含几个部分的独立实体同时又是其他实体的一部分的这一现象。可以看出,Holon实际上是一个递归的概念,一个Holon包含几个Holon,同时这个Holon又是某个Holon的一部分。

Holon的两个基本特性是自治性和协作性。一个Holon在保持自身独立特性的同时,又趋向于将自身变成另一个Holon的一部分。Holon的这种特性使得一个具有特定目标的Holon体系具有了动态的层次结构。这种动态的层次结构是随着观察者的视点改变而改变的,一个Holon会在"整体"和"部分"这两个层

次切换，直到当观察者的视点不变时，Holon 的层次也就固定了。Holon 体系的这种动态层次结构使得 Holon 体系在不同粒度水平上表现出相对独立的特性，但从整体来看，每一个粒度上的特性又是服务于上层体系的。

可以看出，Holon 以及 Holon 系统的基本特性十分适合解决复杂层次系统中的多分辨率建模问题。Holon 多分辨率建模就是将具有复杂层次化的系统中处于不同层次的实体描述为具有自治性和协作性的 Holon 单元，并组成通过相互协作可以动态改变层次结构的具有多分辨率特性的系统。

（二）Holon 单元的构建

战役推演系统中的 Holon 单元由以下几个部分组成：

（1）状态属性，对 Holon 单元当前所处状态进行描述的参数的集合；

（2）协作规则，Holon 单元与外部其他 Holon 进行通信及合作的约束条件；

（3）演化规则，对 Holon 单元内部状态迁移进行描述；

（4）效用函数，Holon 单元作用于外部环境（包括其他 Holon）能力的描述。

一个 Holon 单元可以接受外部环境以及其他 Holon 的作用，同时根据自身的演化规则不断更新内部的状态并根据个体的能力（即效用函数）反作用于外部环境以及其他 Holon 并根据需要与外部的其他 Holon 进行通信，从而完成协作任务。这样 Holon 单元就完成了一个仿真步长内的所有工作。Holon 单元通过与其他 Holon 进行协作，可以产生新的功能和特性。根据以上分析，建立一个基础 Holon 模型，推演系统中的实体都由该模型扩展而来，各个模型可根据自身的特点分别进行设计，从而保证了模型设计的灵活性。所有的模型都能完成接收交互、反馈和演化等功能，但其内部参数和方法却各不相同。图 4 展示了由基础 Holon 扩展出的部分 Holon 单元以及各单元间的相互作用。

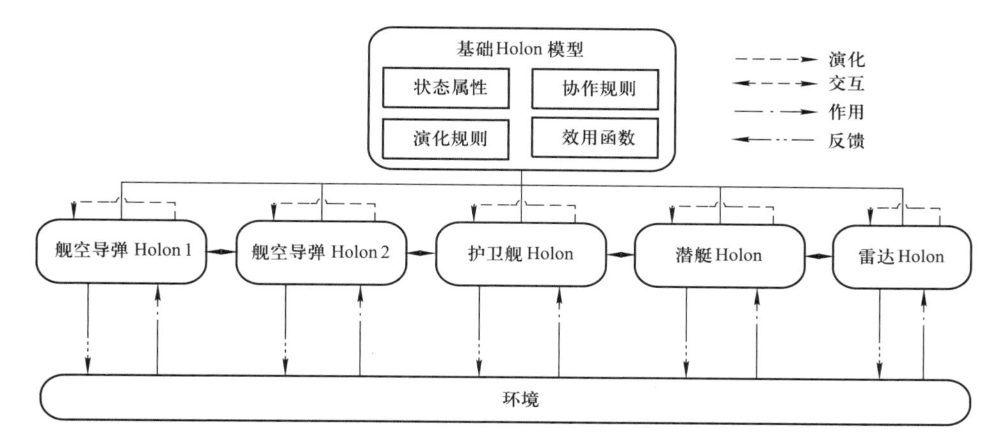

图 4　战役推演系统中的部分 Holon 单元及其相互关系示意

(三) Holon 多分辨率模型体系的构建

在建立了 Holon 单元模型后,现在来考虑如何利用 Holon 的特性来构建战役推演仿真系统中具有动态层次的多分辨率实体模型。所谓多分辨率建模技术是指对同一对象建立精度不同,即不同分辨率的模型,并且保持这些模型在所描述对象的运行过程中在时间和空间上保持其特征的一致性。针对处于装备、平台和编队这三个不同层次中的实体,系统需要相应分辨率的 Holon。例如,在仿真运行时,诸如导弹等装备级实体的位置变化比较快,而传感器这样的实体,所需环境的数据精度要求较高,但它们所作用的环境的范围一般都比较小,因此建立的导弹 Holon 和传感器 Holon 具有高精度数据以及高速的数据交换能力,与其相互作用的环境范围比较小。诸如舰船、飞机等平台级实体,所交互的环境范围增大,但是所需的环境数据精度降低,实体位置变化变慢,因此建立的舰船、飞机 Holon 应具有一般精度数据和一般数据交换能力。当编队级的实体运行时,所交互的环境范围更大,数据精度要求进一步降低,因此建立的编队 Holon 具有最低精度和最低数据交换能力,但范围最大。不同分辨率的 Holon 模型建立完成后,形成如图 5 所示的层次结构。

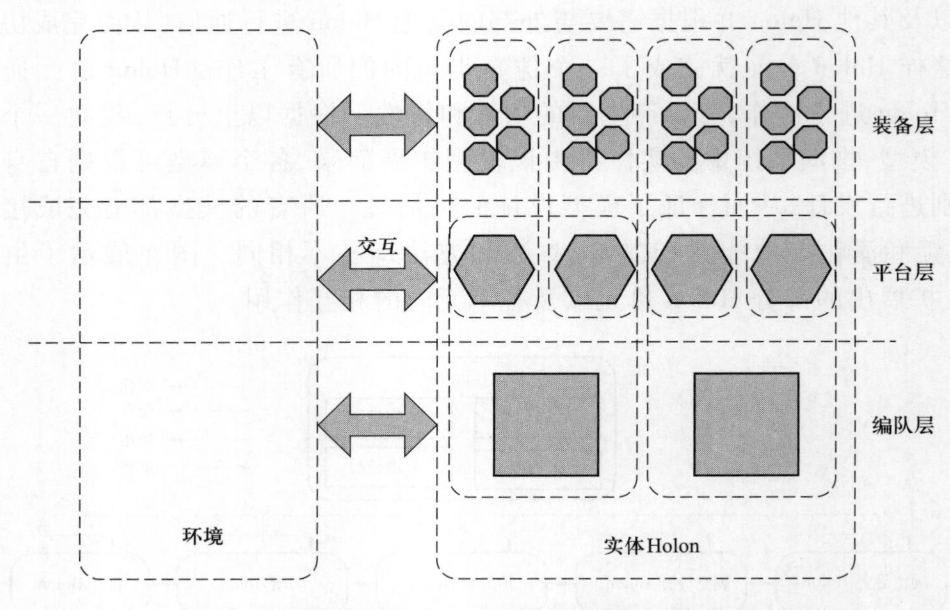

图 5　层次化的 Holon 多分辨率模型体系结构

根据上面的描述,我们发现对于战役推演系统中不同层次的实体,我们分别建立了相应分辨率的 Holon,显得很烦琐。其实上文是为了描述战役推演系统中 Holon 的层次结构,而在实现可运行的模型时,我们只需建立最高分辨率的装备

Holon,当需要构建平台级的仿真实体时,利用 Holon 所具有的协作性,属于同一平台 Holon 的所有装备 Holon 通过协作,将高分辨率的装备模型聚合,适度地降低数据精度,形成适合平台级的高层 Holon。同理,需要构建编队级仿真实体时,同属一个编队的平台 Holon 通过协作,适度地降低数据精度,形成适合编队级的高层 Holon。这种 Holon 之间的协作对仿真实体来讲应该是透明的,从仿真实体的角度来看,需要什么层次的实体,系统就能准确地提供满足其分辨率要求的 Holon。这样,通过底层 Holon 的协作,形成高层 Holon 的这种聚合方式,使得实体模型具有了动态的层次。同时,高层 Holon 本质上还是底层的 Holon,只是底层的 Holon 通过协作,表现出高层 Holon 所具有的特性。高层仿真实体之间的交互,不需要底层的信息,就无需知道底层运行的细节。但底层的运行细节总是在运行着,多个底层 Holon 的协作,才能保证高层 Holon 模型的正确性。因此,Holon 多分辨率模型很好地解决了不同分辨率的实体模型之间的一致性问题。

还有一点需要注意,上述 Holon 间的协作只是存在于同一层次和同属于一个高层 Holon 的子 Holon 之间的。不同层次的 Holon,由于其包含的范围以及表现的特性不同,无法保证协作的正确性,而且这种协作也是不合理和不必要的,因此禁止不同层次的 Holon 进行交互。

四、多层次分布式仿真平台研究

未来的水下作战以编队级对抗为主要模式,作战兵力呈现多层次的组织结构,为适应水下武器“群狼”战术攻击航母的发展需求,需要开发能适用于该组织结构的仿真支撑平台。目前分布式仿真支撑平台(常用的为 HLA)常用的架构形式有集中式、分布式和层次式等,它们支持多层次结构复杂系统仿真的能力有限,因为这种形式下只能将多层次结构复杂系统划分为若干子系统分别建立联邦后再实现联邦互联和联邦聚合,容易形成系统瓶颈,而且多层次结构复杂系统的逻辑结构无法直接复现到仿真体系架构中,需要进行“扁平化”或“聚合”处理,可能导致模型的转换误差或理解偏差。为此通过深入研究具有多层次特点的体系结构,着重设计稳定可靠的通信模块。为了使平台具备较强的网络负载平衡能力,提出以消息处理耗时为检测指标的网络负载平衡算法,基于该算法设计出一种具备自适应调节与协同能力的智能通信 Agent,使相应的仿真系统能自适应地根据网络负载情况调整通信路由。

(一) 体系结构设计

多层次结构复杂系统仿真的支撑平台体系结构体现为一种树形关系,它与树形网的拓扑结构类型基本一致。虽然树形网符合多层次结构特征,但是其弱点在于容错性差,节点故障时将造成下级的所有链路中断。由于分布式结构具有很强的容错能力,我们将其中的单节点以分布式多节点的形式取代,从而结合了树形网与分布式结构的特点,使其既能满足完整复现多层次复杂结构逻辑关系的仿真需求,又能具备较强的容错能力。

多层次分布式服务体系架构(图6)总体上分为底层服务和上层服务。底层服务部分是指部署在仿真成员主机上的软件,它们构成了本地数据环境,可以为单一主机提供集中式服务,相关的软件部分称为本地服务组件(local service component,LSC)。上层服务部分是指由网络上的多个远程服务节点构成的群体,相关软件称为远程服务组件(remote service component,RSC)。LSC和RSC共同作用,能够在网络内形成一个统一的数据环境,为分布式仿真系统提供服务。

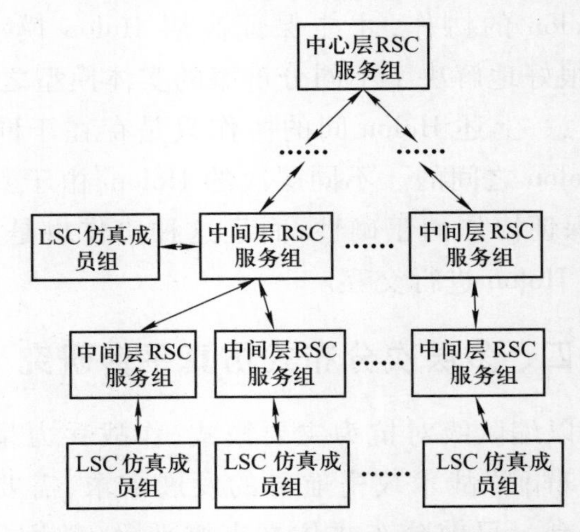

图6 多层次分布式服务体系架构示意图

(二)智能通信 Agent 的设计与实现

在上节提出的架构下的通信组件需要具备自适应性、智能性和独立性,这与Agent特性相符,所以将通信组件设计为通信Agent是很好的解决途径。如图7所示,通信Agent的基本结构分为Agent信息数据出入口和Agent决策两大部分[3]。其中信息数据出入通过网络连接和接收代理完成,接收代理接收到外界数据后,将数据解析并提交内部进行辨别和决策处理;Agent决策内容包括服务角色决策、服务组成员管理、上下级关系的管理、需求管理及数据分发管理、网络故障判断及恢复、路由优化算法等。

(1)网络负载指标的选择与测量

通信Agent之间通信由于业务量、计算能力、硬件资源等各种原因不可避免地会出现负载不均衡现象。进行负载平衡,首先要选择一个合适的评价指标。

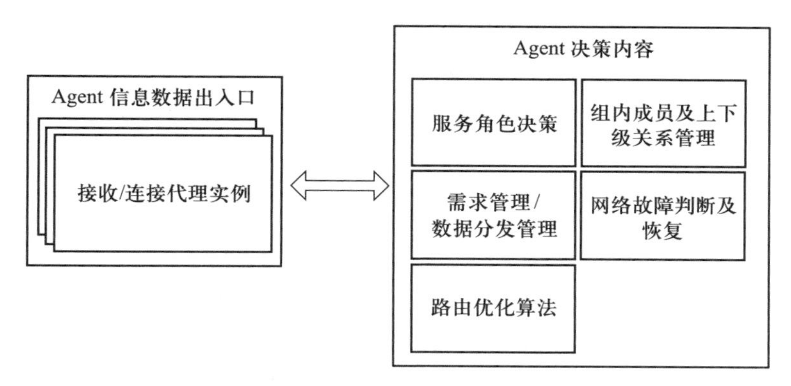

图 7　通信 Agent 的基本原理框图

通常选作负载指标的主要参数包括吞吐量、带宽利用率、丢包率、CPU 利用率、网络利用率、服务器响应时间等。不过这些指标只是间接反映了该服务器整体负载的变化,并不能真正反映出服务效率。

在分布式仿真系统中交互的最基本信息单元是消息,所以能直接体现各服务节点效率的指标是该节点处理单位消息的平均消耗时间长,故将其作为负载指标。消息处理耗时,是指一个消息从某一节点发出并传输到另一节点,由另一节点处理完毕后再传发出去这一过程的耗时,包括两个阶段:一是消息的传输与接收;二是消息的处理。消息处理耗时的计算是通过在每一条消息中附加时间值来实现的。

(2) 基于消息处理耗时的自适应网络负载平衡算法

算法的基本思路是利用各服务节点通信 Agent 的自主观察、自主决策和自主调整,通过较为简便可靠的方法,以个体的形式自主进行自适应调整,随时实现整体的"负载准平衡",即不追求达到某一时刻负载平衡的最优点,而是通过调整各个服务组内部的负载,从而达到平台内负载的相对动态平衡。

(3) 平台通信测试

测试环境是个 2 层体系结构,顶层只包括 1 个节点,中间层是个服务组,由 3 个节点组成。各节点在初始配置时分别有 3、1、4 个客户终端,每个终端均按相同频率向外发送数据,交互的消息类型与各终端需求关系见表 2。所有消息发送频率均为 200 次/s,负载平衡激活的条件为高低负载相差 20% 以上。

图 8 给出了测试中服务组内各节点的负载指标变化情况。各平衡阶段由于调整负载平衡而进行了网络拓扑的调整,具体连接情况见表 3。

经分析,该算法具有以下特点:

1) 只利用了消息中的时间信息和周期性的时钟校正消息,不增加仿真应用层的工作量;

表 2 交互消息类型与各终端需求关系

消息类型	消息长度/字节	发送方	需求方
类型 1	2k	A、B、E	D、F、G
类型 2	2k	B、C、F	A、D、H
类型 3	2k	C、D、F	A、G、H
类型 4	2k	B、F、H	A、C、E
类型 5	2k	A、G、H	C、D、E

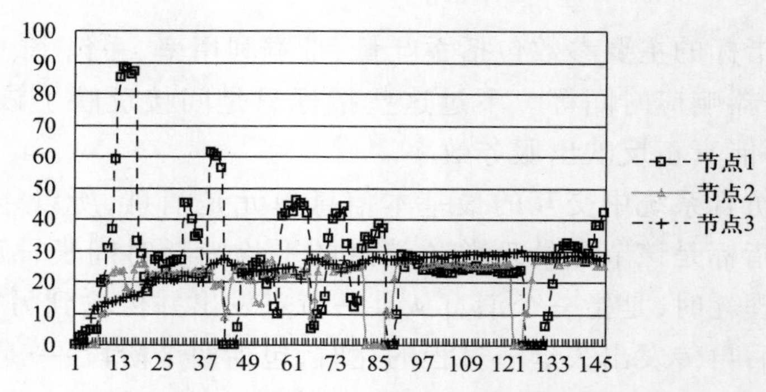

图 8 集群中各节点负载指标变化图

表 3 各平衡阶段的连接关系

阶段	节点 1 的下级	节点 2 的下级	节点 3 的下级
1	A、B	D、F	C、E、G、H
2	C、B、H	D	A、E、F、G
3	C、G	B、D、F	A、E、H

2) 能够根据网络流量变化进行调整,响应速度受平衡策略激活周期影响;

3) 该算法实现简单,不需要掌握系统整体情况,适用于多层次体系,不受系统规模影响,只通过平衡服务组的网络负载来调节整个系统的负载;

4) 各节点自适应调整负载,无需额外的负载均衡服务器。

上文针对 HLA 在多层次结构系统仿真上的局限性,提出多层次分布式服务体系架构,并设计了通信 Agent 和以消息处理耗时为指标的网络负载平衡算法,使相应的仿真系统能自适应地根据网络负载情况调整通信路由,并完成了相应的测试。结果表明该算法有效地优化了网络负载。

五、自适应多模型融合的海浪绘制

为了研制出具有自主知识产权的虚拟海面软件模块，需要对深海、近岸浪的建模以及舰船尾流特效进行研究。

当海底深度 D 大于二分之一海浪波长（L）时，我们称之为深海浪；当 D 小于 $L/20$ 时，则为浅海浪；中间区域为过渡区域，如图 9 所示。

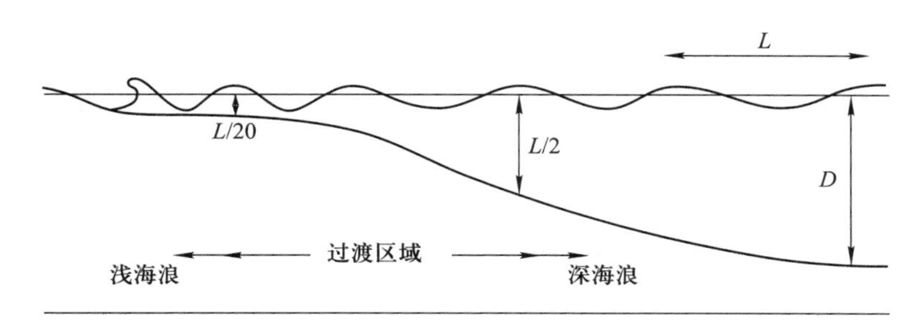

图 9 海浪与海底深度的关系

为了逼真地实现从深海到近海的场景，考虑到海底深度的影响，选择基于 FFT（Fast Fourier Tranform，快速傅里叶变换）的深海浪模型和基于几何造型的近海浪模型，并在过渡区域进行自动过渡处理。

（一）深海浪的建模

在大范围深海浪场景仿真中，Perlin 噪声合成法生成高度图的速度快，离视点较近处不够细致，逼真度不强，而 FFT 方法在离视点较远处太规则，人工痕迹明显。结合这两种方法的特点，扬长避短，在离视点较近处采用 FFT 方法，在离视点较远处采用噪声合成法。

为防止在两种方法过渡阶段产生突变，当视点（viewpoint）在范围 $[v_1, v_2]$ 内，可以采用一种非线性函数构造了一种自适应融合算法。

利用非线性函数对 Perlin 噪声合成法计算得到的高度 h_p 和 FFT 方法计算得到的高度 h_f 进行加权处理即可得到自适应融合算法。

$$h(x,y) = f(v)h_p(x,y) + [1 - f(v)]h_f(x,y) \tag{1}$$

其中 $h(x,y)$ 为海浪网格顶点 (x,y) 处的最终高度。

深海浪绘制软件的设计流程如图 10 所示：在更新阶段，利用 Perlin 噪声合成法和 FFT 方法生成高度图，并生成海浪网格；在拣选阶段根据视点对网格进行裁剪；最后在渲染阶段在顶点着色器中进行高度图自适应融合，并对光照进行处理，最后生成大范围深海浪场景。

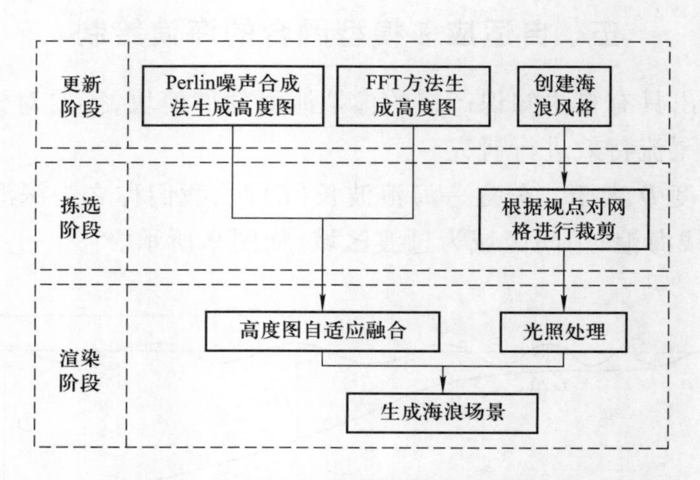

图 10　深海浪仿真软件的设计流程图

（二）近岸浪的建模

相对于深海浪，浅水波由于受到海底地形的影响，运动较复杂，其波峰线、波高随海底深度的变化而变化，并出现海浪拍岸、飞溅等精细尺度的场景，这也大大增加了建模和绘制的难度。浅水波的建模方法可分为基于物理学和基于几何构造的方法。由于基于物理学的模型计算复杂，在大范围浅水波的绘制中常采用基于几何构造的模型。为了实现大范围的浅水波和波浪卷起并拍岸飞溅的真实感绘制，需对基于几何构造的模型进行改进，从而达到浅水波模型和拍岸浪模型的融合。

Fournier 从经典的 Gerstner 波浪模型出发，提出随海底深度的变小波浪各质点的运动轨迹逐渐从圆形变为椭圆，建立了 Fournier 波浪模型，并将其应用到计算机图形学中，实现了浅水波的模拟。Fournier 模型的一般形式为：

$$\begin{cases} x = x_0 + R\cos\alpha S_x \sin\phi + R\sin\alpha S_z \cos\phi \\ z = z_0 - R\cos\alpha S_z \cos\phi + R\sin\alpha S_x \sin\phi \end{cases} \tag{2}$$

式中，(x, z) 平面为波浪垂直面，点 (x_0, z_0) 为波浪静止位置；R、ϕ、S_x、S_z 分别为波幅、角函数、椭圆的长轴和短轴；α 为点 (x_0, z_0) 处海底地形的斜度函数。

在 Fournier 波浪模型基础上，针对其波浪模型不能模拟卷浪的限制，通过调整长短轴变化，并控制曲线的变形，建立了卷浪的模型，并将其扩展到三维空间，方程为：

$$\begin{cases} x = x_0 + R\cos\alpha S_x \sin\phi\cos\theta + R\sin\alpha S_z \cos\phi\cos\theta + \Delta x\cos\theta \\ y = y_0 + R\cos\alpha S_x \sin\phi\sin\theta + R\sin\alpha S_z \cos\phi\sin\theta + \Delta x\sin\theta \\ z = z_0 - R\cos\alpha S_z \cos\phi + R\sin\alpha S_x \sin\phi + \Delta z \end{cases} \tag{3}$$

式中，Δx，Δy，Δz 为波浪曲线的变形；θ 为风在水平面的传播方向。

为了快速生成大范围近岸海浪场景，采用基于视点的 LOD 网格，利用卷浪模型计算得到波浪高度场数据，并生成波浪高度图，在顶点着色器（vertex shader）中加载高度图和 Perlin 噪声数据，同时计算波浪的高度、水平方向的偏移等数据，在像素着色器（pixel shader）中计算各顶点的法向量、颜色等数据，从而实现浅水波的绘制。

当海底深度 D 小于 $L/20$ 时，波浪开始从深海过渡到近海，此时近海浪模型中的参数为 $S_x = S_z = 1$，$\alpha = 0$，$R = A_{\mathrm{FFT}}$，风向不变，计算得到 ϕ 角为：

$$\phi = \arccos\left(\frac{z_0 - z}{R}\right) \tag{4}$$

为了使波浪过渡平滑，对深海浪和近海浪进行自动过渡处理：

$$h(x,y) = \rho(d)h_{近海} + [1 - \rho(d)]h_{深海} \quad 0 \leqslant \rho(d) \leqslant 1 \text{ , } 0.05L \leqslant d \leqslant 0.5L \tag{5}$$

式中，$\rho(d)$ 为过渡段自变量函数；$h_{近海}$ 为近海浪模型产生的高度场；$h_{深海}$ 为深海浪模型产生的高度场。当深度 d 趋于 $0.5\ L$ 时，$\rho(d)$ 趋于 0，海浪开始从深海浪过渡到近海浪，高度场采用深海高度场，当深度 d 趋于 $0.05\ L$ 时，$\rho(d)$ 趋于 1，过渡段结束，高度场采用近海高度场。从而保证了过渡段的平滑。

（三）可交互舰船尾流的建模

目前主流的可视化仿真软件如 Vega Prime 中提供的海面与船体交互还不完善，船体对海面的作用效果如尾流、舰艏浪等特效都采用纹理贴图的方法进行仿真，逼真度低且交互性差。由于纹理贴图只能在外观上对舰船航行特效进行模拟，当尾流扩散过程中碰到其他船体或舰船编队航行时，就会出现尾迹与其他船体或尾迹之间的“交叉”现象，极大地影响了场景绘制的逼真性。因此，有必要从物理学的角度对舰船尾流进行建模，实现尾流与水面物体以及尾流之间的交互效果，从而提高海战场环境绘制效果。

尾流的传播同水体表面波浪运动一样遵循 Navier-Stokes 公式，Tessendorf 对其进行了简化给出了不可压缩流体的波动方程：

$$\frac{\partial^2 h(x,y,t)}{\partial t^2} + \alpha \frac{\partial h(x,y,t)}{\partial t} = -g\sqrt{-\nabla^2 h(x,y,t)} \tag{6}$$

式中，$h(x,y,t)$ 是水面的高度；公式左边第一项是波浪的垂直加速度，第二项是速度的阻尼项；公式右边的项为表面的垂直导数，是从质量守恒和重力恢复力结合而来。

在海浪仿真中，采用 FFT 对随机噪声做了科学处理，使其作一个随着时间跟频率相关的周期位移。然而 FFT 算法不能用于可交互的波动运算,因此需要回归到对公式(6)垂直导数的求解上。和所有作用于一个功能的线性操作符一样,使用垂直导数的时候,可以把它当作它所应用的功能的卷积。

在一个卷积中,垂直导数在高度网格上的操作如下:

$$\sqrt{-\nabla^2 h(i,j)} = \sum_{k=-P}^{P} \sum_{k=-P}^{P} G(k,l)h(i+k,j+l) \tag{7}$$

卷积核是大小为$(2P+1)\times(2P+1)$的正方形,它可以预先被计算出来,在模拟开始之前存储在查询表中。如果要想清楚地得到像水一样的动态,P 的最小取 6。

通过整理可得到波动的传播方程为:

$$h(i,j,t+\Delta t) = h(i,j,t)\frac{2-\alpha\Delta t}{1+\alpha\Delta t} - h(i,j,t-\Delta t)\frac{1}{1+\alpha\Delta t} - \frac{g\Delta t^2}{1+\alpha\Delta t}\sum_{k=-P}^{P}\sum_{k=-P}^{P} G(k,l)h(i+k,j+l,t) \tag{8}$$

该方法将垂直倒数的求解归结到二维卷积中,并直接采用图形硬件编程,即实现了波动传播的互动性,又能保证场景绘制的实时性。

六、自修正的三维视景组合优化技术

(一) 技术方案

研究快速、逼真的三维视景技术对质量和速度等要求较高的战场环境仿真应用来说具有重要的意义。为了实现自修正的三维视景组合优化技术,有必要研究技术的总体设计思路;根据视景效果的评估方法不同,研究半自动视景评估 + 自修正方法和全自动视景评估 + 自修正方法;为了使技术从理论模型转化为具体的软件工程应用,通过设计编码/解码器与求解器来实现方法的转换和求解决策过程。

引入控制论思想,提出由三维模型离散多分辨率绘制及表示、视景效果评估方法、智能优化组合方法等组成的三维视景半/全自动修正技术,将仿真可视化开发从开环过程转化为闭环,提出一套可组合、迭代修正的三维视景开发新方法,如图 11 所示。自修正三维视景组合优化技术总体设计方法包括三个环节:① 完成三维模型的多分辨率绘制及表示;② 提出三维视景效果的评估指标和评估方法;③ 建立依据三维视景效果的评估结果自动搜索、匹配候选模型的组合方案。其设计原理为:首先,建立三维实体的多分辨率模型组合方案,通过绘制引擎及加速等方法建立一个典型的三维视景仿真系统;然后,根据视景效果评估指标和方法评估该系统的综合评估指标值,并提供给模型组合优化决策方法;最后,通过该方法对多分辨率模型组合方案中各模型进行搜索、匹配、重组,经过不同分辨率模型的迭代修正、组合后再次绘制的系统达到更逼真的视景仿真效果。这样,总体设计方法由四部分组成,分别为多分辨率的三维模型组合、三维视景效果评估、组合优化决策和三维视景仿真系统。

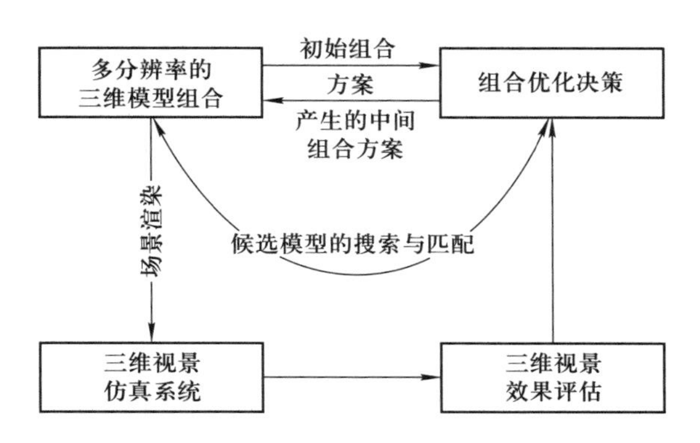

图 11 自修正三维视景组合技术的设计思路

在组合优化技术中引入"粒子"概念来表达各分辨率层级模型的组合,一个粒子代表多个模型的不同分辨率的一种组合方式,这样所有的组合就构成了"粒子群"。上述技术目的是在一定的粒子区域内进行全局寻优:从初始粒子的样本集出发,利用三维视景效果评估当前粒子来寻找新的粒子,逐步接近理想的效果。

其中,对粒子的评价转化为对其所渲染场景的逼真度和画面质量的评估,包括基于逼真度指标体系的主客观评估和基于图像信息熵、边缘熵与帧频的纯客观评估。在视景效果的评估中引入用户的主观评估,是将用户的直观感知能力与方法设计相结合,根据客观方法得来的评估值来调整粒子的搜索方向,这样可以改善三维视景系统的设计、实时交互等,使其与人的能力和需求之间有更好的融合。这里的组合优化的对象有两方面的含义:一方面为多分辨模型和视点的可组合性;另一方面为三维视景效果评估指标的可组合性。

自动视景评估 + 自修正技术方案简称为自动修正方法,它依赖纯客观因素的评估,主要体现在三维视景效果的纯客观评估方法,如图 12 所示。纯客观三维视景评在方法执行过程中避免人的参与,综合考虑三维场景图像绘制质量与信息熵特性之间的关系,提出利用图像处理方法进行图像信息熵、图像边缘熵的计算,通过专家知识和理论模型相结合的方法进行各指标值赋权,归一化处理得到三维视景效果综合评估值并传递给组合优化决策方法。图 13 为转化后的自修正三维视景组合优化方法。

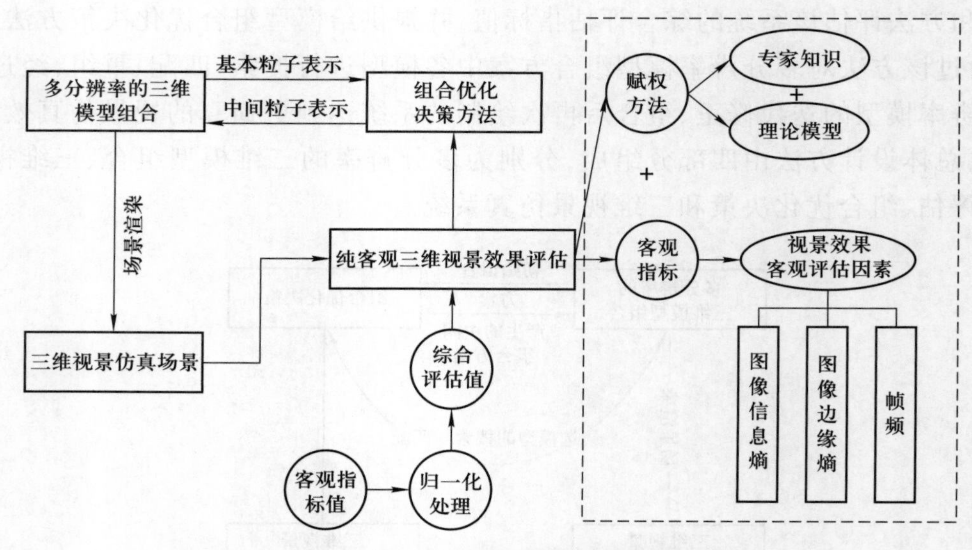

图 12 自修正的三维视景组合优化方法

编码/解码器的工作有两部分:一部分是将输入的多分辨率模型组合的集合(MCF_i, $1 \leqslant i \leqslant N$)进行编码,并把得到的粒子集传给求解器;另一部分是将由求解器生成的中间粒子集合进行解码,并把得到的候选多分辨率模型组合的集合传给场景渲染模块。场景渲染模块将按候选的多分辨率模型集合逐一进行绘制,并将绘制的画面输出至三维视景效果评估模块。

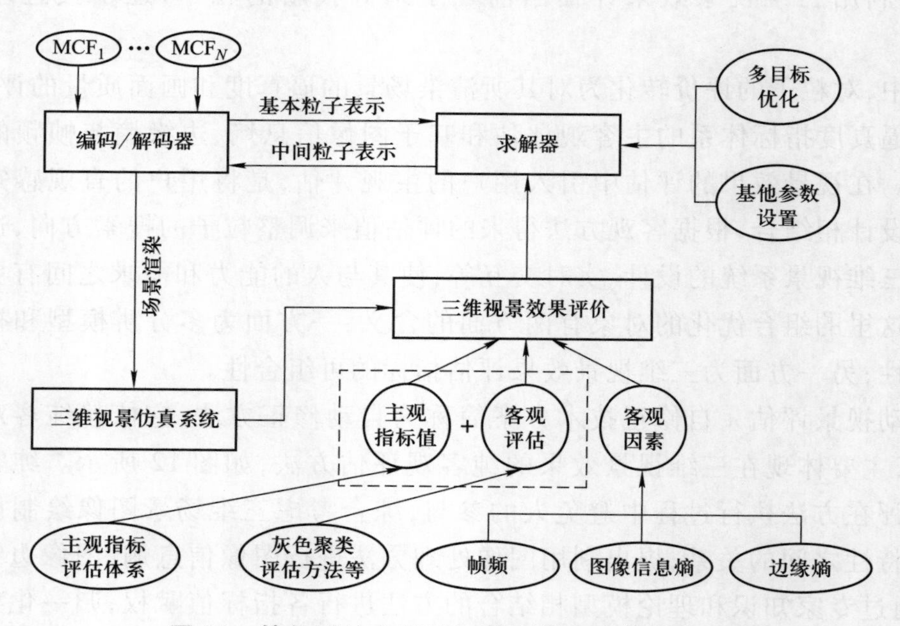

图 13 转化后的自修正三维视景组合优化方法

求解器的主要工作是根据编码/解码器的输出以及三维视景效果评估模块输出的评价值,生成中间粒子集。它需要对模型的分辨率层级与视点的组合优化进行计算、分析,并与其他粒子集输出的数据进行比较,它解决的是模型的分辨率层级与视点的组合优化的NP完全问题。在各指标权重一定的情况下,使综合指标值最大,这样求解器可以转化为求解多目标优化问题。

(二)在典型海战场中的应用

通过上述开发,我们对下述典型的场景应用自动化的修正组合技术。典型场景为直升机从水面舰起飞。该场景包含了一架直升机、一艘舰艇和大规模海浪,采用自动化修正方法对场景各实体模型的分辨率层级和视点进行优化求解,即采用纯客观因素图像信息熵、图像边缘熵的加权方法。通过PSO算法迭代优化,图14为“粒子”在自动修正的组合优化过程中的图像序列,迭代得到的最优解及其绘制图像如图14(d)所示。

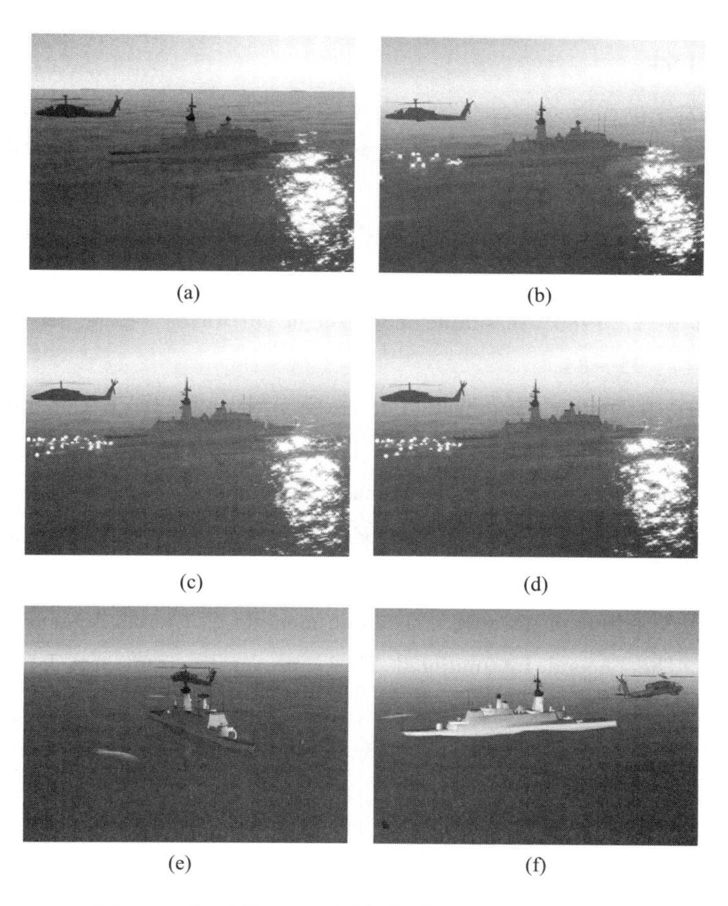

(a) (b) (c) (d) (e) (f)

图14 自动修正组合优化过程中的图像序列

七、结语

未来的航海系统和环境的仿真向着高度复杂的方向发展,需要在系统复杂系统仿真理论方法方面做出进一步探索。本课题组拟对以下问题展开深入的研究:

(1) 研究智能水下无人系统建模环境;

(2) 研究水声场与水文条件、海面波动、海底起伏、内波的关联性,建立水下目标模型、探测装备模型、海洋环境模型和水声传播模型等相关声学模型;

(3) 建立水声场、水文条件、海底地形、武器实体、对抗器材各要素的特效库。

通过对以上问题的研究,可以为复杂航海系统和环境仿真提供技术支持。

参考文献

郭于明,王坚,凌卫青. 2010. 分布式多 Agent 仿真环境系统体系结构研究. 高技术通讯, 20(12): 1260 - 1266.

李铁. 2013. 多层次分布式服务的分布仿真支撑平台技术与应用. 西安: 西北工业大学.

唐进岭, 张著洪. 2012. 多项目多任务选择动态规划及其智能决策. 计算机技术与发展, 22(9): 75 - 80.

曾艳阳. 2014. 自修正的三维视景组合优化技术及在虚拟战场环境中的应用. 西安: 西北工业大学.

Fournier A, Reeves W T. 1986. A simple model of ocean waves. ACM SIGGRAPH Computer Graphics, 20(4): 75 - 84.

Johnson C. 2004. Top scientific visualization research problems. IEEE Computer Graphics and Applications, 24(4): 13 - 17.

Naoki M, Toshio F, Fumihito A. 1994. The immune mechanism, adaptation, learning for the muti agent system//IEEE Symposium on Emerging Technologies & Factory Automation: 446 - 453.

Rodriguez S, Hilaire V, Koukam A. 2005. Holonic modelling of environments for situated multi-agent systems//The Second International Workshop on Environments for Multi-Agent Systems. Utrecht, Netherlands.

Tessendorf J. 2001. Simulating ocean water. Simulating Nature: Realistic and Interactive Techniques. SIGGRAPH 2001.

康凤举 1947年12月出生,江苏南通人。博士生导师,中国系统仿真学会常务理事,《系统仿真学报》副主编。国务院学位委员会第五、六届兵器学科评议组成员,西安市劳动模范。发表学术论文230余篇,编著的《现代仿真技术与应用》遴选为教育部"研究生教学用书"。培养出硕士、博士研究生120多名。

复杂仿真系统 VV&A 活动与可信度评估综述

刘兴堂 等*

空军工程大学

摘　要:科技进步和社会发展使系统结构和研究日益趋于复杂化,且对于复杂系统研究、研制和使用的需求越来越大,致使现代系统建模与仿真(M&S)技术已成为复杂系统特别是开放复杂巨系统(如生态系统、社会系统、经济系统、作战系统及复杂工程系统等)研究必不可少甚至是唯一最有效的工具和手段。

本文将针对复杂系统具有的显著特点(高阶、多维、非线性、涌现性、混沌现象等),从方法学和技术层面上综述复杂仿真系统的校核、验证和确认(VV&A)和可信度评估问题。一是在阐明 VV&A 严格定义、相关概念和重要性的基础上,重点讨论复杂仿真系统全生命周期 VV&A 设计与开发,以及 VV&A 规范建立和技术发展;二是在论述 VV&A 与可信度评估密切关系的基础上,进一步研究大型复杂仿真系统的可信度评估新方法与技术。

关键词:复杂系统;建模与仿真;VV&A 活动;全生命周期;仿真系统可信度评估

一、引言

复杂系统研究是当今的最热门话题之一,现代系统建模与仿真(M&S)已成为复杂系统研究的重要方法、有力工具和有效技术手段。在应用系统 M&S 技术解决复杂系统问题中,始终有两大关键难题摆在人们面前,受到仿真界的高度关注,这就是复杂系统的校核、验证和确认(VV&A)活动与可信度评估。

众所周知,仿真是一项基于模型运行的科学及工程活动。因此,从方法学和技术层面上讲,最大的问题就是要解决模型的有效性和仿真系统的可信度。因为只有所建模型有效才可能开展仿真研究,缺乏可信度的仿真系统是没有任何价值和意义的,而 VV&A 活动是获取模型有效性和仿真系统可信度的重要基础与根本保障。本文将在阐明 VV&A 定义、相关概念的基础上,重点讨论复杂系统 M&S 全生命周期 VV&A 设计与开发、VV&A 规范建立和 VV&A 技术发展;并在

* 作者:空军工程大学刘兴堂、刘力、张成涛。

论述 VV&A 活动与可信度评估的密切关系下，进一步研究大型复杂仿真系统的可信度评估新方法与技术。

二、VV&A 定义及相关概念

（一）VV&A 定义

VV&A 技术和活动是美国首先提出并开展研究与应用的。美国 DOD5000.61 指令曾对仿真系统校核、验证与确认（即 VV&A）进行了如下严格定义：

① 校核（verification）：确定仿真系统准确地代表了开发者的概念描述和技术要求的过程；

② 验证（validation）：从仿真系统应用目的出发，确定仿真系统真实世界正确程度的过程；

③ 确认（accreditation）：官方正式地接受一个仿真系统为专门的应用服务的过程。

进一步讲，校核、验证和确认将分别解决如下问题：

① 校核将侧重检验仿真建模过程，即检查仿真模型代码和逻辑是否正确，是否准确地完成了仿真系统的预期功能；

② 验证是证实仿真系统的真实性，即彻底检查数学模型和逻辑模型输出，并从输出行为和结果与真实系统比较得到仿真技术是否逼真的结论；

③ 确认是解决仿真系统是否适合特定应用的问题，即由官方或权威机构做出仿真系统对某一特定应用是否接受的最终决策。

上述三者既独立又密切联系，为仿真系统的功能评估、性能评估、有效评估和可信度评估奠定了基础，提供了科学依据，如图 1 所示。

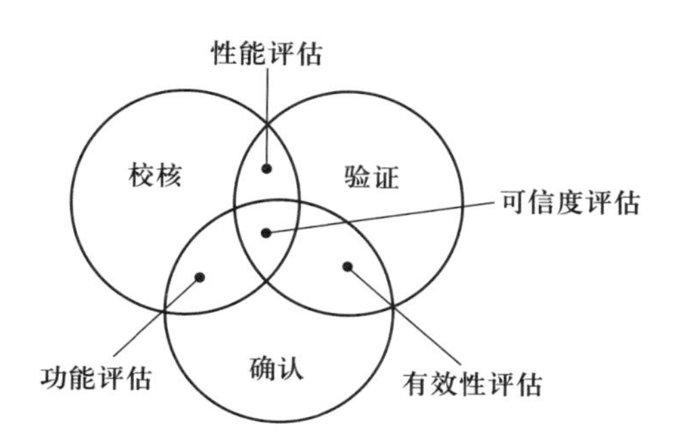

图 1　校核、验证和确认的关系及效应

在 VV&A 技术的应用活动中，校核和验证（V&V）是其核心部分，目前已形成较完善的方法与技术体系，如表 1 和表 2 所示。

表 1　仿真模型校核方法与技术体系

分类	非正规方法	静态分析	动态分析	符号分析	结束分析	理论证明
方法名称	程序员自查 概念执行 代码会审 设计审核 过程审核	词法分析 语义分析 结构分析 数据流分析 一致性检查	自上而下的测试 自下而上的测试 黑箱测试 白箱测试 临界测试 调试 运行跟踪 运行监控 运行描绘 符号测试 递归测试	符号分析 路径分析 原因－效果分析 分区分析	断言分析 归纳断言 边界分析	正确性证明 Lamda 微积分 微词微积分 微词变换 推理 逻辑演绎 归纳

表 2　仿真系统验证方法与技术体系

仿真系统验证方法	定性	外观验证法、图示比较法、图灵法、检验法		
	定量	静态性能一致性验证方法	参数检验法	正态分布法（F 检验法、T 检验法）、非正态总体分布法、区间估计法、假设检验法、点估计法
			分布拟合检验法	指数分布的拟合检验法、正态分布检验法（W 检验法、D 检验法、偏度检验法、峰度检验法）、Pearson χ^2 检验法、Kolmogorov 检验法
			非参数检验法	Smirnov 检验法、秩和检验法、游程检验法、Mood 法
			自助法	
			稳健统计法	均值和方差的稳健估计法、M 检验法
			Bayes 方法	数据有效性检验法、检验分布参数法（正态总体的方差检验法、正态总体的均值检验法）
		动态性能一致性验证方法	时域法	一般时域法（判断比较法、Theil 不等式系数法、回归分析法、误差分析法、灰色关联分析法、相似系数法、正态总体一致性验证法、Bayes 理论法、自相关函数检验法）、时序建模比较法（平稳时序建模法）、非平稳时序建模法等
			频域法	经典谱估计法（直接法、间接法）、窗谱估计方法（加窗谱估计法）、最大熵谱估计（Yule-Walker 法、Burg 递推法）、瞬时谱估计、交叉谱估计、演变谱估计等

（二）相关概念

同仿真系统 VV&A 和可信度评估相关的概念很多，但主要是：VV&A 原则与工作模式；可信性、可信度与逼真度；准确性与精度；仿真系统的数据检测与评估等。

1. VV&A 原则与工作模式

VV&A 原则就是人们在 VV&A 活动中应力求或必须遵循的行为，它既是 VV&A 工作的指导方针，也是 VV&A 技术概念体系的基础。通常被归纳为 14 条，即原则 1 至原则 14。

VV&A 工作模式就是仿真系统生命周期 VV&A 过程模型，它描述了 VV&A 活动的踪迹、内容和工作框架，如图 2 所示。

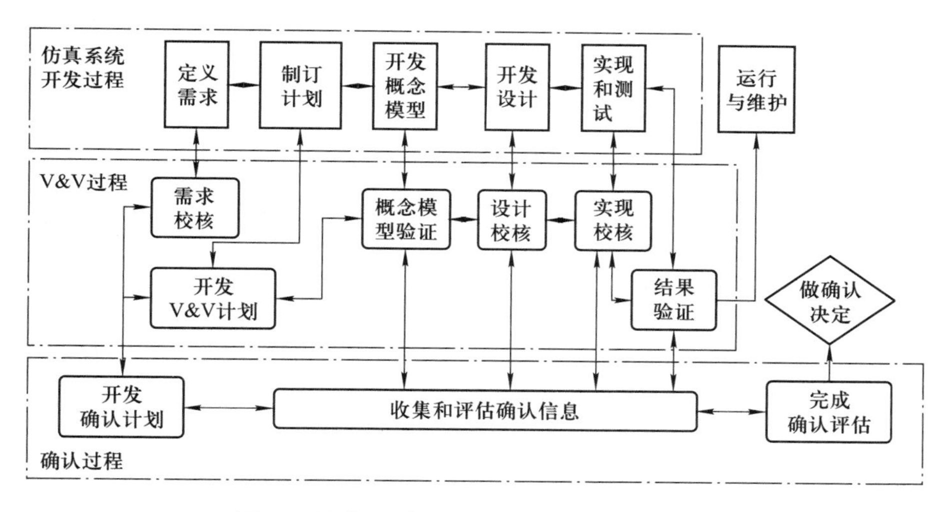

图 2　仿真系统全生命周期 VV&A 活动

2. 可信性、可信度与逼真度

仿真系统的可信性指用户在模型中看到适合自己使用的性能，并拥有对模型或仿真能够服务于他的目的的信心，即仿真系统使用者应用仿真解决具体问题和行为决策的信心。具体讲，如果仿真决策者的关键项目人员承认模型或仿真及其数据是正确的，则模型或仿真及其数据便具有可信性。

仿真系统可信度是使用者对于仿真系统在一定环境、一定条件下仿真实验的结果，解决所定义问题正确性的信任程度，或仿真系统在总体结构和行为水平上能够复视原型系统的可信性程度。

逼真度是模型或仿真以可测量或可察觉方式复现真实世界（系统）对象的状态和行为的程度。

在系统建模与仿真中，通过VV&A活动，以保证模型和仿真系统的可信性、可信度与逼真度是异常重要的，因为缺乏可信性或可信度的模型和仿真系统是没有任何价值和意义的。

3. 仿真系统可信度评估

简单地说，仿真系统可信度评估就是为获得可信的仿真系统及其仿真结果，对模型有效性和仿真系统对模型运行的影响，做出认真分析和定量评价。在此，VV&A技术是可信度评估的主要手段，可信度评估是VV&A活动的重要目标，二者关系极为密切。

4. 准确性与精度

系统建模与仿真中，准确性与精度是同一概念，指在一个模型或仿真内，一个参数或变量或一系列参数或变量准确地符合事实或某个所选择的标准，及达到讨论目标的程度。它们通常以仿真系统能够达到的静、动态技术指标与规定或期望的静、动态性能指标之间的偏差或允许误差来表示。

5. 交互作用、互操作性及可重用性

交互作用是指仿真中系统各部分相互作用的行为或过程。也就是仿真对象、组成单元、各分(子)系统、模型、仿真等影响或改变彼此行为的方式。

互操作性是指在M&S中，一个模型或仿真向其他模型和仿真提供服务和接受其他模型和仿真服务的能力，并利用这样的交互服务可以使这些M&S完全没有异常地在一起有效操作的能力。在仿真高层体结构(HLA)下，将通过对象模型模板(OMT)运行支撑系统(RTI)和HLA相容规则，实现其联邦间彼此的互操作。

可重用性是指为了某个特定仿真应用而开发的一个仿真或为了其他目的可以被重新使用的能力。可重用性是系统建模与仿真系统设计及开发中十分重要的要求。

6. 仿真系统监测、分析及评估

仿真是借助模型运行预测未来、辅助设计、研发产品和进行科学实验研究的全过程，即基于模型运行的科学及工程活动。因此，系统建模与仿真必须严肃地回答和证实如下三个主要问题：① 从源头上，模型是否正确地描述实际系统(过程)的外部表征和内在特性；②在运行中，仿真是否有效地反映模型数据、性状和行为；③事后分析时，仿真结果能否真正实现应用目标、满足用户需求。这些问题只有通过对仿真系统的监测、评估(T&E)及VV&A活动来解决。截至目前，这方面形成了较完整的理论与方法体系(图3)。

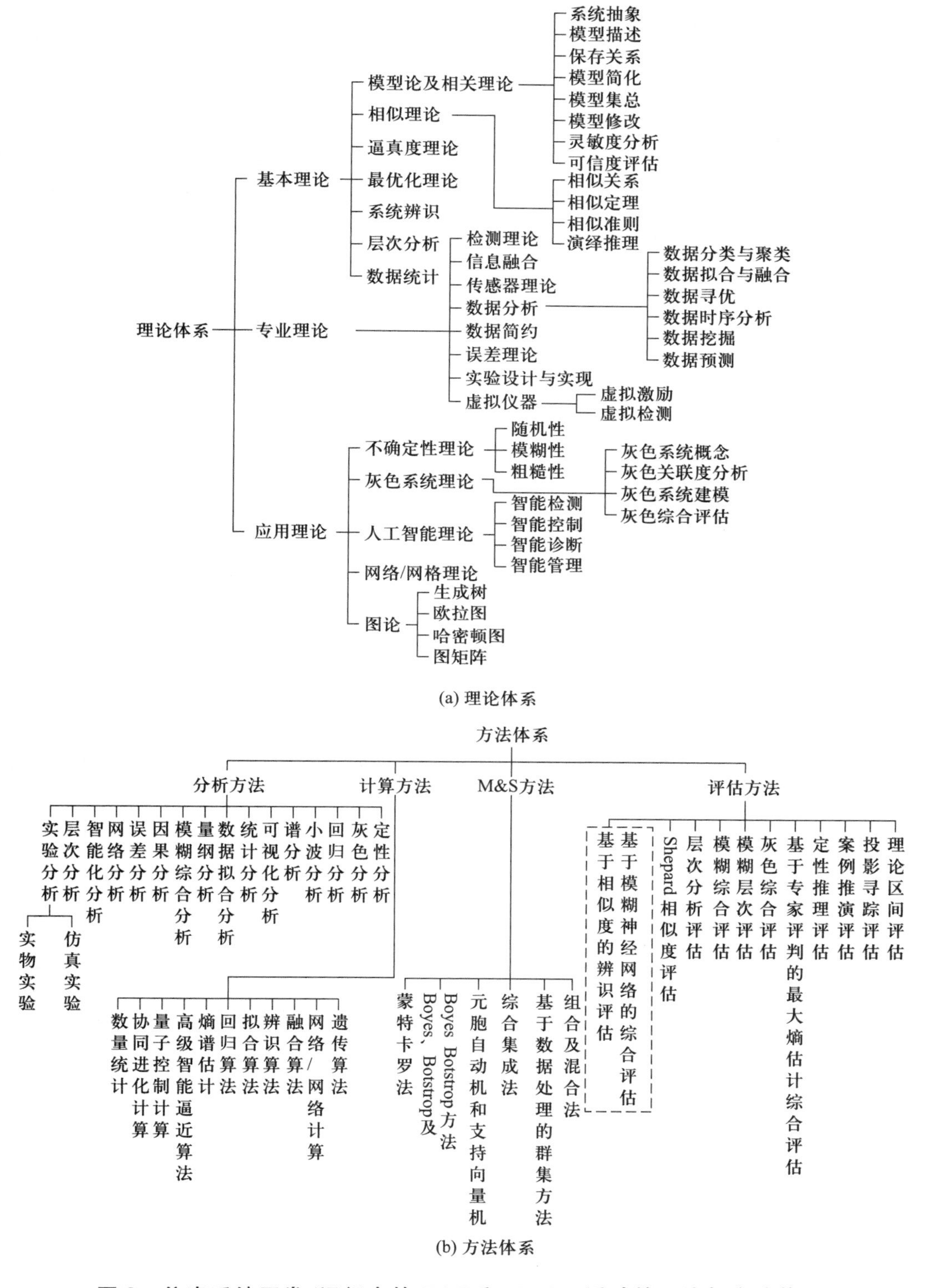

(a) 理论体系

(b) 方法体系

图 3　仿真系统开发/运行中的 T&E 和 VV&A 活动的理论与方法体系

三、复杂仿真系统全生命周期 VV&A 设计及开发

(一) VV&A 方案设计

复杂仿真系统 VV&A 活动是一项极其重要又非常艰巨的系统工程,其活动覆盖着整个仿真系统全生命周期。在详细、充分考虑各种因素(如关键技术、应用需求、组成部件、设计情况、网络结构、性能指标、工具库、数据资源、操作要求、开发队伍、工作要求等)对 VV&A 的影响下,VV&A 方案设计通常按下列程序进行:收集信息→风险分析→VV&A 任务确定→VV&A 活动剪裁→方案详细设计→方案评审→方案修改→提交 VV&A 计划文档等。

(二) VV&A 开发过程

鉴于目前 DIS/HLA 仿真系统仍是 DIS 和 HLA 两种技术和体系结构共存条件下的一种最典型的混合体系复杂仿真系统,下面给出基于 DIS/HLA 混合体系结构仿真系统的全生命周期 VV&A 开发过程,如图 4 所示。

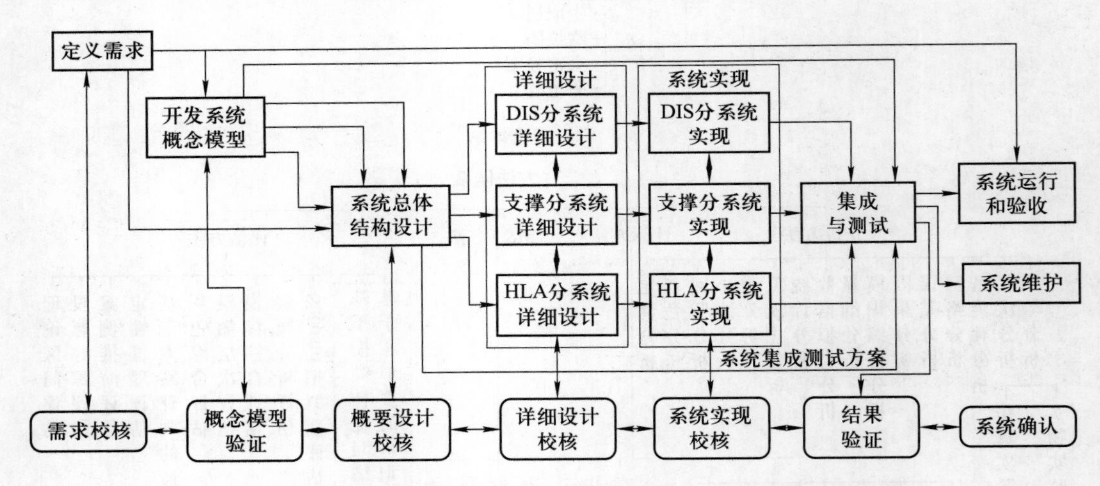

图 4 DIS/HLA 仿真系统全生命周期 VV&A 开发过程模型

四、复杂仿真系统 VV&A 规范和技术发展

(一) VV&A 规范建立及框架

规范化是复杂仿真系统发展的重要方向,VV&A 规范化是其重要方面,对于经济、有效地进行复杂系统 M&S 具有重大意义。世界发达国家已有 VV&A 标准/规范,我国目前尚处于研究阶段,迫切需要建立 VV&A 规范。特别是对于大

型复杂仿真系统(如现代军用仿真系统等)的设计与开发。

研究表明,建立复杂仿真系统 VV&A 规范,必须以复杂仿真系统全生命周期为基础,以先进分布式仿真(ADS)系统为主要对象,严格地规范 VV&A 概念及其相关概念、定义、作用、原则、内容、过程、结果等方面的内容,并提出 VV&A 统一、基本的技术要求。同时必须首先建立其方法、技术和内容框架,如图 5 所示。

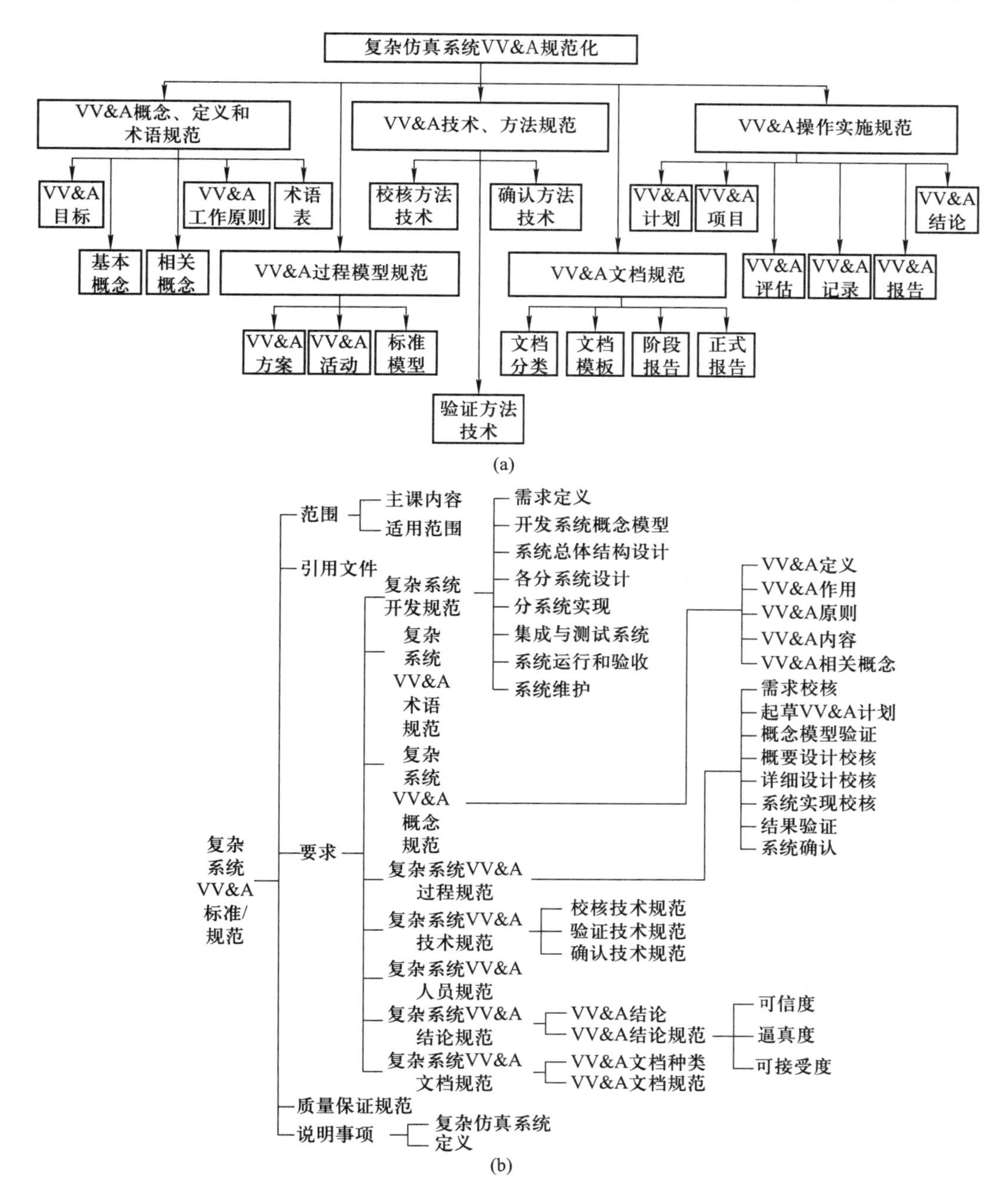

图 5　复杂仿真系统 VV&A 规范的方法、技术(a)和内容框架(b)

(二) VV&A 技术发展

进入 21 世纪,国内外 VV&A 技术及应用获得了长足进步,并有如下发展动向:

① 随着系统 M&S 技术研究和应用日益广泛,仿真系统结构不断复杂,为进一步确定仿真系统其功能和性能,导致 VV&A 活动范围和难度迅速增大,VV&A 研究重点已从仿真模型的校核转向仿真系统的全生命周期 VV&A,VV&A 技术正在从局部、分散的研究向实用化、自动化、集成化、规范化的 VV&A 系统发展,出现了所谓拓展 VV&A 技术;

② 美国国防部训练部已于 2007 年将有效和高效的 VV&A 工作正式列入 M&S 计划(TMSBP),并予以重点支持;

③ 北约正在开发标准化 VV&A,通过 GM-VV 方法以便获得多个国家能够共同接受的通用 VV&A 标准;

④ 以美国为首的西方发达国家,在 V&V 技术上,特别关注黑箱仿真的验证技术,尤其是动态 VV&A 技术,已在 77 种 V&V 技术中列出了 37 种适用黑箱的验证技术,其中多准则分析技术(MCA)已成为热点。

五、大型复杂仿真系统可信度评估方法与技术

(一) 概述

随着系统 M&S 技术的不断发展和应用领域的迅速扩展,仿真系统特别是大型复杂仿真系统的可信度评估越来越重要,其评估方法与日俱增。目前,面向大型复杂仿真系统的可信度评估方法,除常用的层次分析法、模糊综合评判方法、模糊层次分析法等外,还出现了新的灰色综合评估法、相似度辨识评估法及基于逼真度评估法等。

(二) 灰色综合评估法

本质上讲,这是一种以灰色关联分析理论为指导,基于专家评判的综合性评估方法。其主要过程为:建立仿真系统可信度的灰色综合评估模型→对各种评价因素和各专家进行权重系数选取→进行多层次灰色综合评估。图 6 为多层次灰色综合评估模型及流程。

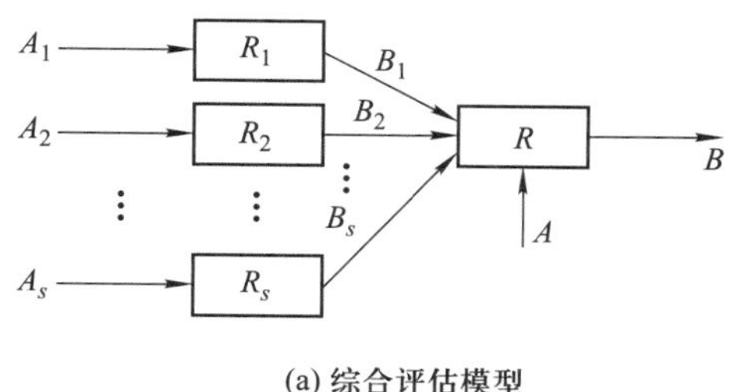

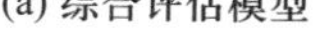
(a) 综合评估模型

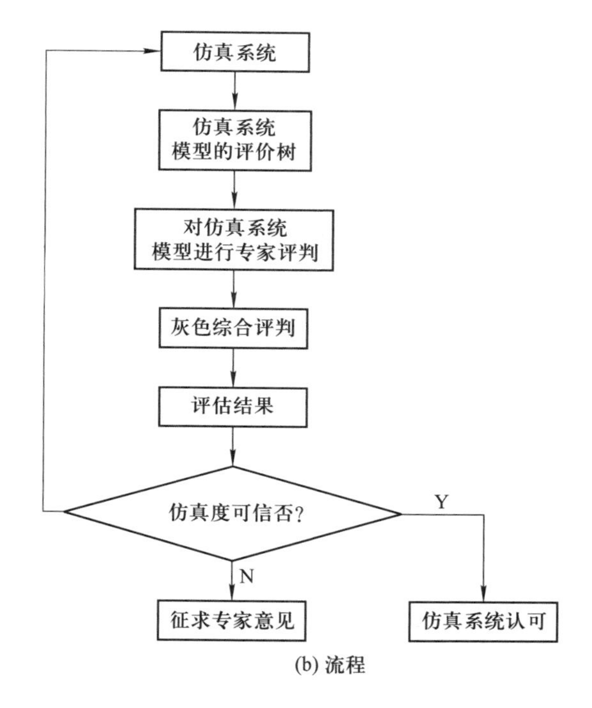

(b) 流程

图 6　多层次灰色综合评估模型及流程

（三）相似度辨识评估法

这里的相似度是指仿真系统的相似度。它反映了仿真系统与真实系统之间或系统与模型之间的相似程度，一般由相似准则来确定。研究表明：仿真系统的相似度在一定程度上反映了仿真系统的可信度，并可通过辨识方法求取。对于大型复杂仿真系统，可首先将大系统分解为多层、多个独立子系统，求取每个部分的局部模型相似度，再通过层次分析和模糊综合评判方法求得全局模型的相似度，从而达到对大型复杂仿真系统进行可信度评估的目的。大型复杂仿真系统全局模型的求取以层次分析和模糊综合评判算法为基础。图 7 给出了仿真系统相似度的辨识算法流程。

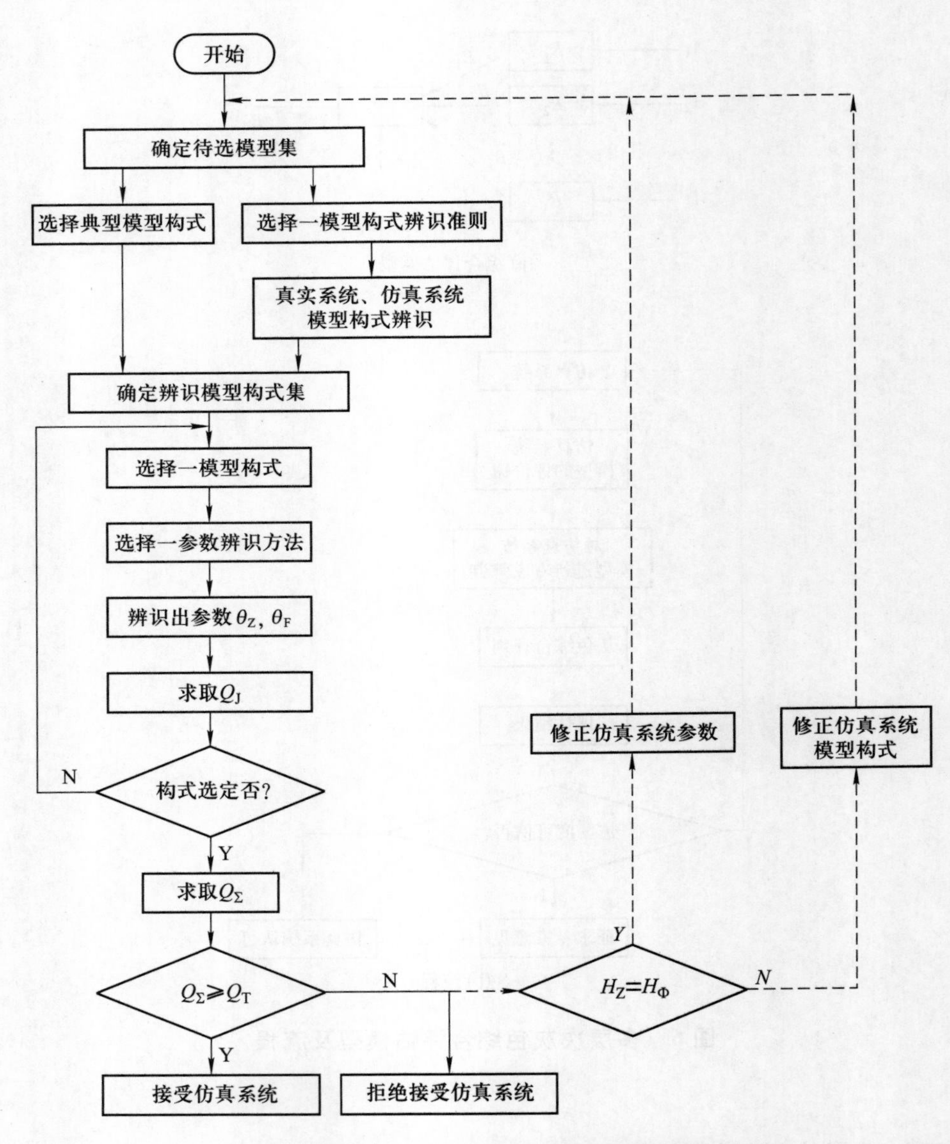

图 7 仿真系统相似度的辨识算法流程

(四) 基于逼真度评估法

逼真度被分为模型逼真度和仿真逼真度,可从不同角度反映出相对于仿真对象的近似(或复现)程度。基于该事实,便有足够理由将仿真系统的逼真度评估转化为仿真系统可信度评估。评估中,有效的指标体系提出、相应的专家模糊综合计算和仿真系统逼真度评估算法研制是三大重要组成部分。

参考文献

刘兴堂. 2011. 现代系统建模与仿真技术(修订版). 西安:西北工业大学出版社.
刘兴堂,梁炳成,刘力,等. 2011. 复杂系统建模理论、方法与技术. 北京:科学出版社.
刘兴堂,周自全,李为民,等. 2013. 仿真科学技术及工程. 北京:科学出版社.

刘兴堂 1942 年 2 月 2 日出生于陕西省三原县。硕士学历,空军级专家,文职将军。空军工程大学教授、博士生导师。兼任中国系统仿真学会常务理事、中国自动化学会仿真专业委员会副主任、中国航空学会飞行力学及飞行试验分会委员、中国计算用户协会仿真应用分会理事、陕西省系统仿真学会副理事长。

长期从事飞行器导航、制导与控制及复杂系统建模与仿真领域的教学和科研工作。获国家科学技术进步奖 2 项、省部级科学技术成果奖 2 项、军队科学技术进步奖 7 项;在部队立功受奖多次,荣获全军优秀教师;公开出版专著、译著和大型工具图书 19 部,发表学术论文百篇以上。

作战仿真系统的复杂性探讨

王精业

中国人民解放军装甲兵工程学院

一、作战系统是复杂系统

战争是政治斗争的继续,是采用暴力解决政治矛盾的手段,是人类社会的特殊现象。从历史上看,至今已发生了千百万次大大小小的战争,是世界上最大智能的人相互的生死斗争,参加战争的人员数量大,动用的武器装备类型多,相互关系十分复杂。多种迹象证明,战争是一个复杂巨系统。20 世纪采用系统论的观点研究战争,21 世纪采用复杂系统理论研究战争。复杂系统理论是研究战争的重要理论和方法。

(一)作战中的系统性表现

作战从层级上分战争、战役、战斗三个层次。从系统论来观察作战的表现为进而用复杂系统观点研究战争打下基础。

1. 作战的整体性

作战的胜负是以整体的胜负为定论。局部的失败,双方都会出现,整体获胜者不全因为局部的失效而失败,而局部胜利者常常挽救不了自己的整体失败,整体性即全局性。

2. 作战的层次性

作战的战争、战役、战术三个层次的区分是比较经典的认识。由于从不同的观点,不同的阶段、侧面看作战,也可以有多种分析层次的方法,作战有阶段,作战中在一定时间、空间中激烈对抗,而另一时间、空间双方相持或脱离,间歇性说明双方力量需要聚集、补充、调整。

3. 作战的开放性

作战系统不断地和作战环境进行交换。作战力量和作战系统之外的国家资源不断交换,民间力量不断地转入作战力量,伤病人员退出作战,毁伤的装备也退出作战,物质、力量、信息的交换十分巨大。

4. 作战的目的性

作战系统的目的性十分明确，它有着政治、经济、民族多个目的。从作战本身“消灭敌人，保存自己”是作战系统自身的目的，作战系统在演化中无时无刻不表现这个目的。

5. 作战的突变性

突变性是系统的性质。简单系统的突变性表现平淡。复杂系统的突变性有显著表现，作战的过程中有快过程、有慢过程，但作战现象的发生常常有出人意料、快速变化、形式急转的现象。战争中的相互保密性也是为了保持行动的突然。

6. 作战的稳定性

作战中双方投入大量力量，都争取主动，这时会出现不同形式的稳定性。如战争中的相持阶段，战役的间隔阶段，战斗中也有相对平稳的时段，常常进攻方会表现出一种准周期性。作战的平衡态一般是作战的寂静期，是双方聚集力量的时间，继而转入激烈交战，稳定是相对的。

7. 作战的自组织性

由于人是作战中的决定因素。作战系统表现出强烈的自组织性。作战的指挥呈现周期规律，作战过程呈现严密的组织。作战各层级的自组织能力是战斗力的根本。

8. 作战的相似性

尽管战争次数不可计数，完全一样的、重复的却一个都没有。但从古至今，战争的相似性是普遍存在的，如作战结构的相似性，有层次、有各种兵种、有各种分工。作战目的、作战演化过程、作战的方法都有着很多相似的地方，这也是孙子兵法等理论的基础。

（二）作战的复杂性表现

作战是一个开放复杂巨系统，它不可能用还原论来解决问题，那么复杂系统的特性是否都具有呢？

1. 作战中的非线性

作战中的因果关系，输入输出关系很多，其中大量不是线性的，不是连续的，没有导函数，延时、死区、饱和处处可见，战略上不战而屈人之兵，战役、战术上作战投入和结果，作战效果积累都是非线性。所以指挥员要有全局性的非线性思维，否则就是盲目的。

2. 作战中的涌现性

作战中各层次都有了强烈的涌现性。兵力的相加不是线性相加，力量的联合也不是数量上的累加,它都会产生超出数量和的作战效果。作战指挥的思维的涌现,战法的出奇也显示涌现的作战效果。

3. 作战中的不确定性

准确地说是有限混沌性。作战中有的概率不确定、模糊不确定,粗糙集的不确定处处可见,但最本质的不确定是作战演化的混沌性,它的演化是有界的,在时间、空间上是有限的,但演化的路径是无穷多的,它的进程分岔点及出现的条件都难以确定,一场战争的过程和结果难以精确地预料。

4. 不可逆,不重复性

自然科学的很多定理、定律是可重复的,只要条件对,其结果可以复现。有很多现象是可逆的,作战都不具备。作战进展一开始,由于混沌原因,作战结果自然不重复。除非你能掌握所有演化过程,这也不现实。由于对演化条件的变化,有的影响整体结果,而变化又有不确定性,这样也难以重复。由于作战很多问题一旦出现,不可逆转,所以不可逆现象普遍存在。

5. 作战的自相似性

自相似是从分形几何引出的复杂性特征。作战中表现很强烈,但作战的自相似是有界的。如战争、战役、战术指挥流程都是"掌握情况,分析判断,定下决心,组织指挥"四个环节。美国也有类似 OODA 的描述。

二、作战复杂性重要根源是人的行为复杂性

复杂性的根源之一是系统的非线性,这是正确的,非线性微分或差分方程出现混沌解就是例证。但造成人类现象复杂性的根本原因是人。人的行为一般受人的思维支配,也有的是受潜意识支配,既有理性的,也有很多非理性的。人的决策既善于运用知识、信息寻求决策方案的最优,又善于在信息不全的情况下靠直觉、灵感决策。作战中的行为可分为两大类:一类为操作行为,指有明确目的的人的各种肢体活动,一般要借助作战装备操作的行为;另一类是决策行为,它是人类大脑的思维学习、综合分析、判断、决断的行为。这两类行为不是绝对分开的,操作行为中也有决策的内容(如驾驶中要选择道路),决策行为中也有操作(如决定进攻方向时,要操作工具查看地图、照片)。在行为中可依据行为本质的主要方面。我们区分它的目的是为了更好地研究。

作战中操作行为有:驾驶装备,操作武器进行射击,操作各种专业设备实现预定的目的(如操作雷达获取目标信息)。军种、兵种不同,操作行为差异较大。而决策行为中如掌握情报后的分析态势,判断情况,定下决心都是决策行为。

目前操作行为的建模比较成熟,主要依据装备的战术技术性能,构造装备的功能模型,模拟装备的运行过程。但其中有的决策行为要分离出来,如遇岔路口

时选择哪条道路、多目标时攻击哪一个目标等。由于这样决策比较简单,可用规则等方法解决。但决策行为建模是困难的,如从情报的综合分析中怎样得出相应的作战方法,这种深层的决策建模的理论和方法都是作战仿真中遇见的难题。由于目前没有质的突破,从而造成作战仿真复杂性仿真面临困难。

三、作战复杂系统建模和仿真问题

到目前为止,国内外专家做了大量深入研究。20 世纪 60 年代,越南战争时期美国国防部长麦克纳马拉是一位系统工程专家,在西贡架起了当时的大型计算机,用系统工程方法研究越南战争,研究认为应当获胜,结果相反。越南战争引起美国军事研究人员的反省。美国在 Einstein 软件中用多 Agent 构造人工战争,做了有益的试验。国内也有众多的研究取得不少阶段性成果,今后怎样研究?

1. 作战仿真能否出现复杂性?这种复杂性是否和实际战争的复杂性相似,或部分相似?

作战仿真的建模大部分使用还原论的方法,即分解后抽象。建立的模型中,确定性模型多,构建的仿真系统包含大量非线性。所以作战仿真系统是否能产生出复杂性,无法简单论定。相当多的作战仿真可能产生不了复杂性,产生了复杂性能否证明它就是作战的复杂性,这方面研究尚不多。

2. 决策建模中大量采用人工智能方法

建模中采用多 Agent 方法,把作战看成是自适应的复杂系统,解决了部分问题,但复杂的作战决策没有落实。

3. 我们研究决策的建模和仿真可否借助经济学成果?

古老的经济学为理性决策,认为决策人有足够的知识,可以获取所有的方案,有足够的能力准确算出各方案的结果,从中优选最佳方案进行决策,而西蒙认为这是不可能的,上述三个条件是现实世界不具备的。他提出,人的能力有限,备选方案不全,通常是没有能力找到最优,只能找到满意决策。因而不能理性决策,而是非理性决策。这一决策的描述很适合作战。作战中时间非常宝贵。决策时信息不完备。各种备用方案生成困难,评估也不能详尽,实际上不是最优,而是满意即可,西蒙认为有了满意方案就不再追求后面的满意,决策收敛快。这种决策思维比较符合现实人的情况,能否以非理性决策模式进行作战决策的建模呢?

理性,完全非理性都是理想状态,其间是我们现实的状态,完全非理性,靠无意识决策。从认识论、意识论、人性论的几个层次上的确定描述了无意识下受到刺激产生的直觉、灵感和顿悟。这恰恰是复杂系统的认知涌现性,可能是创造性作战思想和理念的产生机制。那么作战仿真建模有望表述以下作战复杂问题。

建立指挥员模型的核心是建立他的决策模型。这条路很长,大家都在试,可能失败多于成功,但坚持下去,会有突破。

王精业 1937年9月出生,南京人。1962年10月毕业于哈尔滨军事工程学院装甲兵工程系坦克综合专业,本科学历。中国人民解放军装甲兵工程学院教授,博士生导师。文职一级,技术一级。享受国务院政府特殊津贴。中国系统仿真学会常务理事,还担任若干重点实验室专家委员会委员。

多年从事军用仿真科学与技术研究,主要研究方向有:训练仿真、作战仿真、装备保障仿真、作战复杂系统仿真等。出版个人专著3部,近几年在核心期刊发表论文30余篇。1985年以来,先后获得国家科技进步奖二等奖2项,国家发明奖三等奖1项,军队科技进步奖一等奖2项、二等奖3项、三等奖5项,军队教学成果奖二等奖1项。1996年获军队重大科技贡献奖。

基于联邦架构的云仿真

肖田元

清华大学国家 CIMS 工程技术研究中心

摘　要:本文介绍了一种基于联邦的云仿真架构,采用云计算技术扩展 HLA (high level architecture,高层体系架构)。其目标是为异构的仿真系统在非完全覆盖的控制域与信任域环境下提供多目标的动态稳定的协同与集成。该框架将 HLA 扩展为两层:资源管理联邦层与应用联邦层。文章讨论了动态服务调度相关的若干关键技术,包括服务执行规划、分布式事务协调、访问控制,以及安全授权等,还介绍了扩展 HLA 的实现技术,如 SOM 和 FOM 的自动生成、HLA 使能模板等。最后,给出了一个案例,表明基于扩展 HLA 的云仿真架构的可用性。

关键词:云仿真;HLA;资源管理联邦;动态服务调度;HLA 使能模板

一、引言

一段时间以来,云计算[1]越来越受到人们的关注,它是一种通过互联网将计算作为服务,实现可动态伸缩的计算并提供可视化资源的模式。

云仿真是一类典型的云计算,仿真资源包括硬件(如计算机、仿真器,甚至物理设备)、软件(如仿真工具、平台以及开放源代码),以及各类模型,均可作为服务来提供。

众所周知,单个仿真资源可采用应用服务提供商(application service provider,ASP)模式作为服务实现共享。随着求解的问题日益复杂,用户的需求多样性日益增加,多学科协同仿真日益普遍,异构分布式仿真资源即仿真云的使用应能实现"用户点播,自动导航,动态调度,优化组合"。然而,迄今为止,尚无仿真架构或标准能满足云仿真的要求。

高层体系架构 (high level architecture,HLA)是异构分布式仿真系统的通用技术框架,自 2000 年以来,它已经由 IEEE 公布为国际标准 IEEE 1516[2]因而可扩展到一般的企业应用。基于联邦的集成不需要对控制域和信任域全覆盖,而联邦成员在联邦内部以数据抽象的形式存在。联邦只定义互操作的对象和规则的"兴趣域",它是一种分布式松耦合的集成方法。

但是,HLA也存在某些不足。首先,HLA的管理功能相对来说比较弱,一些重要的功能,诸如一致性保证、访问控制、安全性、故障容错、智能更新等均未考虑,未提供诸如Web服务、动态自适应API,以及本体、语意等最新技术的支持。其次,HLA中的对象模型模板(OMT[3])的配置必须在联邦启动前完成,因而不能在运行期动态地将不同的联邦对象模型(FOM)联合起来,从而,这种模型重用只不过是一类静态重用。加之,HLA中的所有联邦成员是平等的,即位于同一级别上,因此HLA只能视为一种平面架构,在这种架构中,一个模型不能作为联邦成员动态地加入到不同FOM的联邦中。

为解决上述问题,近10余年来人们开展了大量研究。例如Jeffrey S. Steinman与Douglas R[4]建议对分层的仿真架构标准化并提出了一种标准仿真架构(standard simulation architecture,SSA),其目标是提供一种高性价比的方案,对仿真系统来说具有完整的灵活性而又不牺牲性能,但是SSA仅给出了概念性的分层,且不支持将仿真作为服务,因此,至今未得到广泛的接受。另一个典型的研究是美国国家卫生基金会(NSF)支持的乔治梅森大学与SAIC共同进行的,他们提出了可扩展的建模与仿真框架(extensible modeling and simulation framework,XMSF)[5]。XMSF利用Web服务、XML、SOAP等,将建模与仿真扩展到Internet,但缺乏对HLA的继承性,其结果,难以对大量目前现有的HLA建模与仿真资源进行重用,因而也未得到普遍采纳。IEEE做出了巨大努力,开发了一种改进型标准,称为HLA evolved[6],该标准将IEEE 1516的许多方面进行了扩展,如FOM模块化、增加了容错机制、改进了部分接口规范等。

本文提出了一种基于联邦的云仿真框架(federation-based cloud simulation,FBCS),在该框架中,采用云计算技术来扩展HLA并解决前面所讨论过的问题。该框架特别着眼于异构仿真系统的控制域与信任域非完全覆盖环境下解决多目标动态稳定的互联、互通与互操作问题,从而可将HLA用于云仿真。

文章首先介绍FBCS框架,然后讨论云仿真的动态服务调度相关的若干关键技术,包括服务执行规划、分布式事务协调、访问控制,以及安全授权等;其次介绍扩展HLA的实现技术,包括SOM和FOM的自动生成、HLA使能模板等;再次给出了一个案例,表明基于扩展HLA的云仿真架构的可用性;最后,给出简短的结论。

二、FBCS框架

基于联邦的云仿真框架如图1所示。该框架将HLA扩展为两层,即资源管理联邦(resource management federation,RMF)层与应用联邦层。

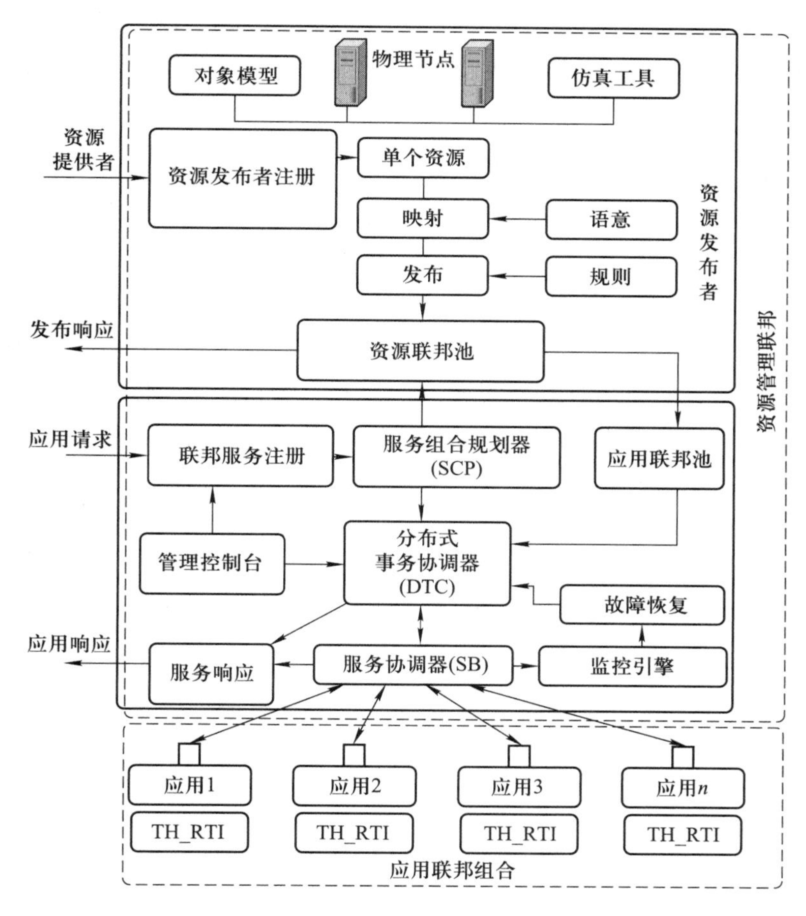

图 1　基于联邦的云仿真框架

RMF 着重于仿真资源管理，它将资源分为两部分：① 可共享资源，如计算机（由 IP 地址或名字定义）、服务接口、运行期基础设施（RTI）版本等；② 候选协同资源，如仿真工具、仿真对象模型等。

资源提供者以资源联邦成员的身份进入资源发布者注册处，并表示要求发布属于它的资源个体，然后该资源分别经过语义和规则检查合格后被映射为联邦资源并发布到资源联邦成员池。

应用请求以应用联邦成员的身份到达联邦服务注册处，请求被联邦成员注册处接受。应用请求基于模板定义，规定了资源管理联邦服务描述所定义的元数据，这些数据描述了属于本地 RMF 管理下一个服务类的数据结构，包括能力、状态、语义、服务质量（QoS）指标。然后，当一个远程请求被接受，且其服务组合通过检查后，通过 Web 服务安全技术进行校验安全授权许可后，控制对本地 RMF 服务的访问。

服务组合规划器(service composition planer,SCP)与本地联邦成员注册处通讯,并根据用户的任务描述语义对服务进行排队。根据备选服务信息,服务组合规划器与其他联邦服务注册处通讯,以查询他们的 QoS 性能指标要求,对 QoS 与经济指标进行综合后,服务组合规划器将该联邦成员的请求发送到本地或远程的 RMF 的分布式事务协调器(distributed transaction coordinator, DTC)。

分布式事务协调器 DTC 接受经过校验的来自服务组合规划器的联邦成员请求后,它将这些请求进行分类,并形成一个串行队列,然后按照服务的能力、服务的内部状态、请求的优先级别、事务流处理协议和策略,将队列中备选请求进行优化选择,并生成一个文本,为服务执行(譬如一个应用联邦)做好准备,并提交给服务协调器(service broker,SB)。对某些特殊的请求,如服务订购,DTC 完成校验后则直接返回。

服务协调器实际上是一系列可由 RMF 执行、停止本地服务以及获取服务状态的接口。服务执行完成后,SB 将结果或异常发送到远程 RMF 的应用联邦成员。

监控引擎由 SB 接收服务状态信息并记录服务日志。当执行期 RMF 中发生错误时,监控引擎就会将服务执行期的错误信息和当前状态报告故障恢复模块。

故障恢复模块按类给出故障说明(如存储访问异常),并在请求中标明的最大期望时间帧内估计出恢复的概率。如果该概率满足可恢复的条件,则故障恢复模块将该请求重新安排到 DTC,否则故障恢复模块无任何动作。

管理控制台是用于配置 RMF 运行期策略的部件。一个应用联邦注销后,它将再次返回到备选区。应用联邦层不关心资源的物理差异,只需要注意逻辑关系。应用联邦池基于 HLA/RTI 管理应用联邦成员。

三、动态服务调度

由于 FBCS 框架结构上是一种典型的分布式系统,它的调度策略应该综合考虑服务提供者与应用两者的要求。从提供者角度来看,使用该框架用于协同以不影响所有用户组的服务质量为前提;从一个用户组的角度来看,框架在确定具有类似或相同功能的服务的那一个参与进来应做出相对优化的选择。顾及两方面的要求,RMF 提供两个组件,即服务组合规划器(service composition planer, SCP)与分布式事务协调器(distributed transaction coordinator, DTC),以及访问控制机制。

（一）服务组合规划器

对备选服务排队后，SCP 应该对这些服务进行 QoS 性能指标与经济指标进行评测。本文对一般服务考虑 6 个质量准则。

1. 执行持续时间

执行持续时间是服务 s 执行引起的延误时间的度量，记为 $q_{ed}(s)$，单位为毫秒。所有服务在本地联邦成员注册处发布其执行时间，计算方法如下式：

$$T_{exec}(s) = \sum_{i=1}^{n} T_i(s)/n \quad (1)$$

式中，$T_i(s)$ 是该服务在过去的第 i 次执行时间；n 是过去执行的次数。再令 $q_{ed}(s) = T_{exec}(s)$。

2. 成功比例

成功比例，记为 $q_{sr}(s)$，是一个服务 s 的请求在联邦成员服务描述中标明的最大期望时间帧内正确响应的概率，计算公式如下：

$$q_{sr}(s) = N_c(s)/K \quad (2)$$

式中，K 是服务 s 执行过的总次数；$N_c(s)$ 是服务 s 成功完成的次数，因此，该值可以由过去的调用次数计算得到。

3. 可用能力

服务 s 的可用能力记为 $q_{ac}(s)$，它是该服务当前可访问的个数。

4. 最大能力

服务 s 的最大能力记为 $q_{mc}(s)$，它是该服务允许并发访问的联邦成员用户数，由联邦成员注册处动态发布。

5. 平均到达时间

服务 s 的平均到达时间记为 $q_{ae}(s)$，它是联邦成员请求的到达间隔时间的平均值，计算公式如下：

$$q_{ae}(s) = \sum_{i=1}^{n} t_i(s)/k \quad (3)$$

式中，$t_i(s)$ 是第 i 个与第 $i-1$ 个请求的间隔时间；k 是过去已经发生的请求次数，因而可由过去的数据计算得到。

6. 价格

服务 s 的价格记为 $q_p(s)$，它是请求者为调用服务 s 所付出的费用，由联邦成员注册处动态发布。

基于上述考虑，服务 s 的质量矢量 $q(s)$ 定义如下：

$$q(s) = \{q_{ed}(s), q_{sr}(s), q_{av}(s), q_p(s)\} \quad (4)$$

其中 $q_{av}(s)$ 定义为:

$$q_{av}(s) = f(q_{ac}(s), q_{mc}(s), q_{ae}(s)) \tag{5}$$

它是服务 s 可用的概率,并假定请求到达间隔时间服从指数分布。下面的公式用于计算每个备选服务的质量分数:

$$index(s) = \sum_{j=1}^{4} q_j(s) \times w_j \tag{6}$$

式中,$w_j \in [0,1]$ 是准则 j 的加权系数,其值由管理员决定,但要保证 $\sum_{j=1}^{4} w_j = 1$。对于紧急请求,服务组合规划器将它安排到所能访问备选服务的请求之前,以便用户能尽可能早地接收到响应。根据收到的承诺说明,服务组合规划器利用"取消"报文终止其他的请求。

(二) 分布式事务协调器

分布式事务协调器的作用是请求间的内部仲裁,它生成服务执行文件,将请求分配给服务,并执行事务处理协议中描述的动作。服务处理协议定义了若干动作,如准备、取消、提交、中断和延迟等。本框架为协同定义了下述事务:

1) 时间戳事务:该事务可以有终止时间属性,该属性规定了活动可以简单地终止的时限;

2) 非时限事务:该事务可以具有非确定性的终止时间。

将请求变成串行队列之前,协调器根据事务的终止时间、事务的来源,以及由系统管理员决定的优先级(如内部事务处理的优先级高)来对每个请求的优先级别进行初始化。通常情况下,终止期越早,优先级越高。协调器按优先级确定队列中的哪个请求会响应。

(三) 访问控制与安全授权

本框架是动态跨越多个管理员的可扩展的分布式系统。操作人员关心的是在分布式开放环境下始终保持对服务的控制与安全访问。为确定联邦中的信任域,采用 Web 服务安全技术来识别应用集成中的所有成员,它提供了一种标准方法,以对整个网络上的交换信息进行编码。

用户访问远程应用服务之前,RMF 将用户信息改变为具有统一的标识(例如,应用 A 的所有用户变成 A_ * * * * * * 的形式,其中"* * * * * *"代表一个长整数,可以根据用户的标识采用加密算法计算得到),从而协同参加者只能知道请求者是从何处来的。每个应用为远程应用实现其接口以保证请求有效性。

当请求得到验证后,RMF 调用本地应用的接口以便为在安全策略中描述的服务生成一个具有“允许”属性的会话,并插入到服务执行阶段。

四、云仿真的实现

（一）资源管理联邦

HLA 中的联邦成员难于实现重用的主要原因是受限于特定的 SOM 信息以及难于改变用户模型编码。为了增强云仿真模式下的仿真模型的可重用性,SOM 信息必须与仿真模型分离,而且当按照仿真任务的要求生成联邦成员时,SOM 与 FOM 能动态地自动配置而不改变仿真模型。

RMF 将参加协同仿真的每台计算机(节点)及相关节点的备选资源声明为“资源池”的成员,并负责仿真资源的管理。

力图参加协同的实际系统的个体资源与物理节点通过填写 RFOM(Resource FOM)与 RSOM(Resource SOM)映射到资源池,通过发布模块从而成为资源联邦成员。应用请求到达后,某些备选资源被选择或加入应用联邦而成为应用联邦成员,而且语用规则及可共享资源均得以确定,RSOM 转换为 ASOM(Application SOM), 然后,用户可定义应用联邦的 AFOM(Application FOM)。最后,AFOM 与相关的 ASOM 分别自动转换为 HLA 的特定的 FOM 与 SOM,它们可为 HLA 识别,从而成为一个应用联邦。

基于资源池,用户可建立不同的应用联邦,它们驻留在应用联邦池中。框架运行时, RMF 始终存在,所有应用联邦在其控制之下,这就改变了原来 HLA 的平面结构,使得资源管理联邦与应用联邦成为递阶的结构。HLA 中的一个应用联邦的 OMT 可由 RMF 动态地进行配置,分布式异构仿真模型和物理节点可以服务的方式实现共享与维护。

RMF 并不管理联邦成员的实现代码。这意味着可实现仿真模型自然地与 FOM 和 SOM 信息分离。FOM 与 SOM 信息,甚至联邦成员的程序可以在 RMF 的管理与控制之下动态地生成,从而联邦成员级的重用性扩展到仿真模型级。同时,可根据用户的需求和仿真目标快速灵活地建立与重配置应用联邦,其重用性也得到了保证。其原理如图 2 所示。

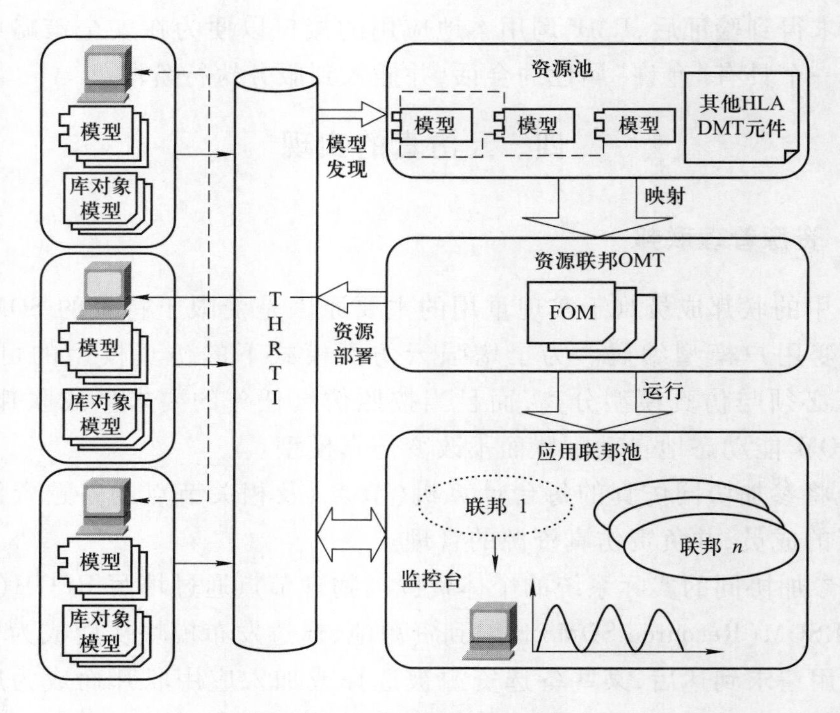

图 2　FOM 的动态生成

(二) 应用联邦

云仿真任务的生成变成了应用联邦的 FOM 与 SOM 的自动构建,其整个的实现过程如下。

(1) 感知资源。当一个存有模型的节点作为资源联邦成员加入到资源管理联邦时,它应该发布和订阅某些对象类和交互类,通过 RFOM 与 RSOM 探测资源表。

(2) 装配模型。仿真初始化程序根据仿真任务装配有关模型,定义模型间的映射关系。装配的目的是建立应用联邦的 ASOM 与 AFOM。本框架遵循 IEEE 1516.3,采用库对象模型(base object model,BOM)[7] 进行装配,BOM 是根据联邦开发与执行过程(federation development and execution process,FEDEP)[8] 定义的。BOM 支持高层装配,提供许多关键机制以实现互操作性、重用性、可组合性,支持和有助于仿真组件的重用,模型的敏捷、快速和高效的开发与维护,以及将模型集成到操作系统或将实际系统嵌入到虚拟环境中,这也是采用 BOM 的主要目的。我们的 BOM 模板如图 3 所示。

由于采用基于 BOM 的仿真模型组件的快速组合与重用,就可以构建多种形式的联邦成员与联邦,这就增强了云仿真的功能与可控规模,以达到提高云仿真

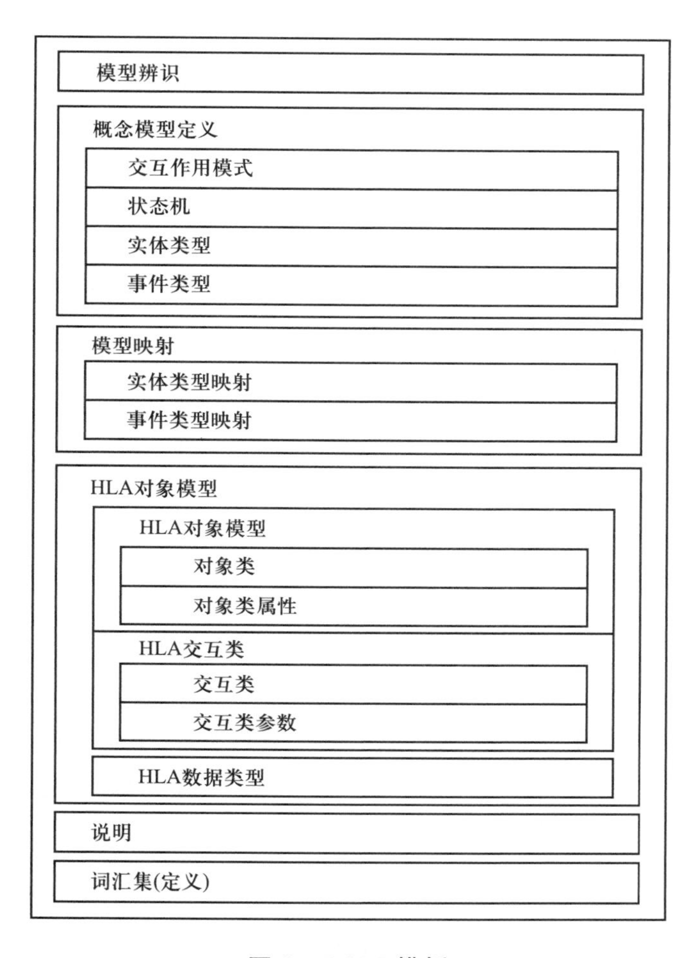

图 3　BOM 模板

的可重用性及互操作性的目的。

(3) 应用联邦生成。首先,根据上述的映射关系与 FOM 模板得到联邦执行数据文件(FED)的核心段,然后,通过 RTI 服务将该核心段发送到每个节点。最后,具有 XML 格式的整个 FED 文件在本地生成,完成一个应用联邦的 OMT 动态部署。

(4) 应用联邦运行。仿真初始化程序发送一个"启动仿真任务"("start simulation task")的交互作用信息,所有其他节点启动相应的模型资源。应该强调的是,我们采用"精灵"("daemon thread")机制,它不仅使得模型独立于资源管理联邦运行,而且也能受它控制。

(三) HLA 使能模板

设计 HLA 使能模板的目的是将商用软件生成的模型转换为 RTI 可用的模

型。在我们的 HLA 使能模板中,用户定义的模型类 DiyModel 是核心部分,它封装了虚拟变量与事件对象,从而用户程序可与其他分布式模型交换数据而不必关心数据映射过程,其原理如图 4 中所示。

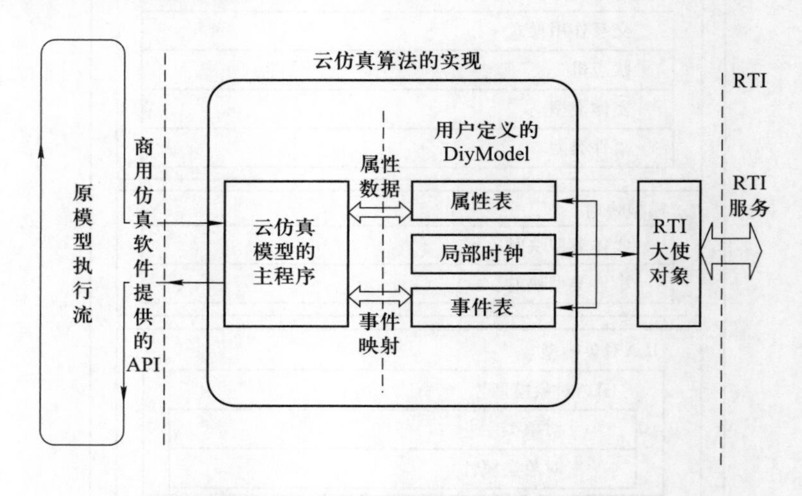

图 4　基于 HLA 使能模板的 DiyModel 类

由于采用本 HLA 使能模板,协同仿真模型具有很好适用性并且对仿真过程有很强的控制能力,这些特点是通过将联邦成员运行流嵌入到商用软件生成的模型的运行过程中来实现的,上述仿真程序与 HLA 的接口成为仿真模型的一部分。

五、应用案例

中国正在开发 16 节车厢的高速动车组(EMU),涉及多个工程领域的多学科技术。为了在早期的设计阶段全局地考虑设计中的问题,需要进行多学科协同仿真。

EMU 动力学系统的设计主要涉及三个领域的问题:机械系统、液压伺服系统以及控制系统。三个领域的建模系统分别为 Adams(机械系统)、Hopsan(液压伺服系统)和 Matlab(控制系统),他们分属于不同单位且分布在不同地域的平台上,因此需要云仿真技术的支持。本文将基于联邦的云仿真框架用于该案例以实现基于不同的 HLA 平台上的各个域的模型进行协同仿真,如图 5 所示。

云仿真的第一步是发现资源,用户通过联邦入口注册验证后可发现资源管理联邦中的模型,如图 6 所示。

第二步是装配模型,在这一步,用户可在 Web 浏览器支持下通过鼠标点击与拖动完成,图 7 显示的是其中一个截图。这使得 FOM 的映射非常容易。

第三步是生成应用联邦。在这一步,每个仿真节点部署具有 XML 格式的

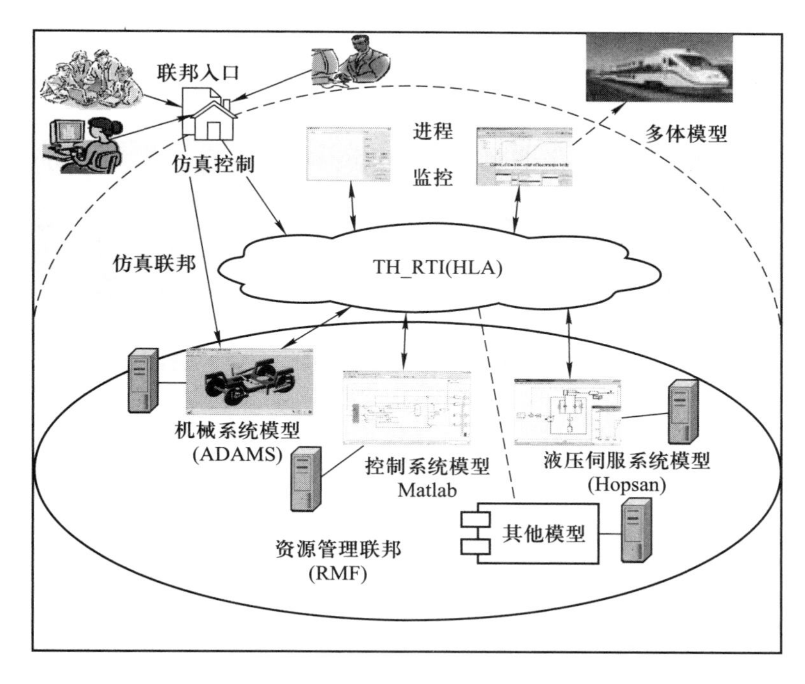

图 5 云仿真案例

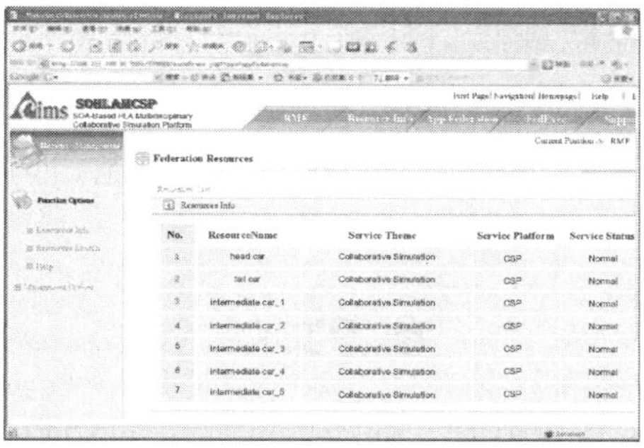

SOHLAMCSP
SOA-Based HLA Multidisciplinary Collaborative Simulation Platform

Federation Resources

Resources Info

No.	ResourceName	Service Theme	Service Platform	Service Status
1	head car	Collaborative Simulation	CSP	Normal
2	tail car	Collaborative Simulation	CSP	Normal
3	intermediate car_1	Collaborative Simulation	CSP	Normal
4	intermediate car_2	Collaborative Simulation	CSP	Normal
5	intermediate car_3	Collaborative Simulation	CSP	Normal
6	intermediate car_4	Collaborative Simulation	CSP	Normal
7	intermediate car_5	Collaborative Simulation	CSP	Normal

图 6 资源发现

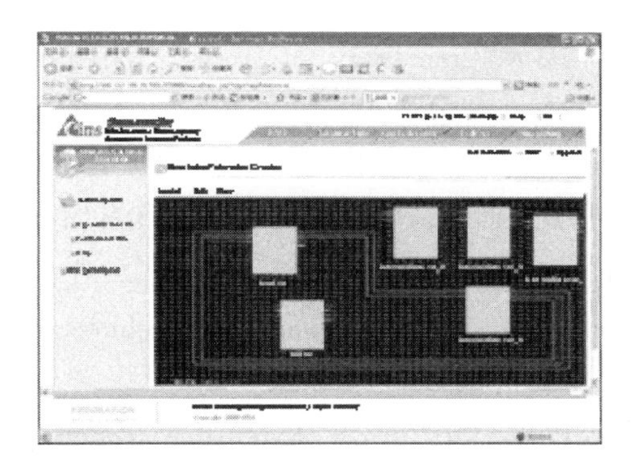

图 7 FOM 映射

FED 文件。

最后就是运行应用联邦,图 8 给出本案例高速动车组仿真过程的一个视图。

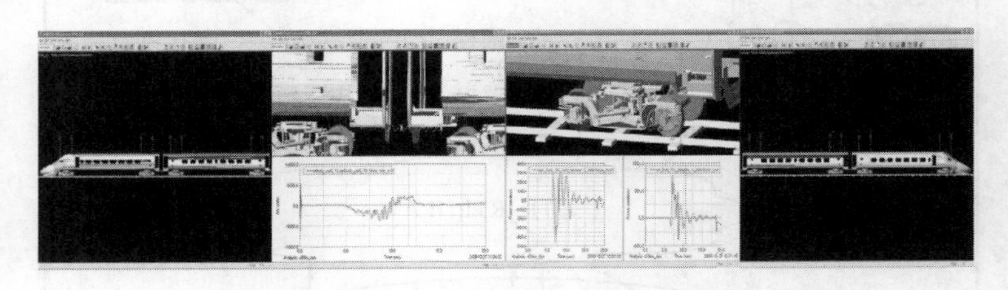

图 8 高速动车组基于联邦的云仿真(4 个视图组合)

六、结语

基于联邦的云仿真框架将 HLA 扩展为两层,即资源管理联邦层与应用联邦层。文中讨论了与动态服务调度相关的若干关键技术,包括服务组合规划、分布式事务协调、访问控制与安全授权等。文章还介绍了该框架的实现技术,如 SOM 与 FOM 的自动生成、HLA 使能模板。HLA 的应用联邦的 OMT 可由 RMF 动态配置,分布式异构仿真模型与物理节点可以服务的方式实现共享与维护。这特别适合于异构仿真系统在控制域与信任域非完全覆盖条件下多目标短期稳定的协同。文中给出的高速动车组的案例运行表明本文提出的 FBCS 框架的有效性。

进一步的工作包括完善本框架的某些管理功能,如故障容错、智能更新、一致性维护等。

参考文献

[1] IBM. Cloud computing: Access IT resource anywhere anytime. [2009-11-30]. http://www-01.ibm.com/software/cn/tivoli/ solution/cloudcomputing.

[2] SISC of the IEEE Computer Society. IEEE standard for modeling and simulation (M&S) high level architecture (HLA)-framework and rules. The Institute of Electrical and Electronics Engineers, Inc., New York, 2000.

[3] SISC of the IEEE Computer Society. IEEE standard for modeling and simulation (M&S) high level architecture (HLA)-object model template (OMT) specification. The Institute of Electrical and Electronics Engineers, Inc., New York, 2001.

[4] Steinman J S. Evolution of the standard simulation architecture//Proceedings of the 2004 Spring Simulation Interoperability Workshop. 2004

[5] Brutzman D, Zyda M, Pullen M, et al. Extensible modeling and simulation framework (XMSF) challenges for web-based modeling and simulation. NPS, GMU and SAIC, 2002.

[6] Möller B, Morse K L, Lightner M, et al. HLA evolved - a summary of major technical

improvements//Proceedings of 2008 Spring Simulation Interoperability Workshop. 2008.
[7] Tang S, Xiao T, Fan W. A collaborative platform for complex product design with an extended HLA integration architecture. Simulation Modelling Practice and Theory, 2010, 18(8): 1048 - 1068.
[8] SISC of the IEEE Computer Society. IEEE standard for modeling and simulation (M&S) high level architecture (HLA)-federation development and execution process (FEDEP). The Institute of Electrical and Electronics Engineers, Inc. ,New York, 2003.

肖田元 1947年出生，清华大学教授，博士生导师。国家CIMS工程技术研究中心常务副主任，中国系统仿真学会常务副理事长，中国自动化学会系统仿真专业委员会主任委员，中国计算机用户协会仿真机分会副理事长，《系统仿真学报》编委会副主任委员等。研究方向：系统仿真与虚拟制造、企业信息化系统与工程。发表论文300余篇，出版著作12部。获得国家科技进步奖二等奖1项、三等奖2项，省部级一等奖3项、二等奖3项。1995年获国务院政府特殊津贴。

流焰光现象的数据获取与重用

赵沁平 等*

北京航空航天大学虚拟现实技术与系统国家重点实验室

自然现象,如水流、风雪、火焰等,是自然世界最为丰富生动的表现,也是虚拟环境必不可少的组成部分。传统方法大多通过数学物理建模和图形学仿真对其进行模拟。但是,由于自然现象形成因素复杂,虚拟自然现象与对应的真实自然现象难以达到高精度形态等同和物理一致。近年来,有研究者把眼光更多地投向自然现象的数据获取,通过对真实的或人工的自然现象进行直接数据采集,获取相应现象的多维多模态数据,然后对数据进行数学分析,结合物理方法,将其模型化,达到重用的目的。这一研究方法开辟了自然现象建模的新途径,同时也带来了新的问题。

我们在继续加强基于物理的自然现象建模和真实感绘制研究的同时,针对复杂水流、火焰和真实场景光照等几种自然现象,研制了多套数据获取装置,并进行了数据模型化及重用技术的研究。

一、流体的数据获取与模拟

我们研制了动态水面数据获取装置、基于光学镜面反射系统的360°流体图像获取装置和结构体冲击水面数据获取装置,对动态水体的数据采集与重用方法、数据驱动流固交互物理过程模拟、基于物理的流体模拟等关键技术进行了研究。

(一) 动态水面数据采集与重用方法

我们设计了一种动态水面数据采集装置,用两个相机和一个双层水槽实现动态水面的数据获取,如图1所示。

使用大基线双目相机采集水面运动图像,利用光路折射几何关系重建动态水面高度场。可对水滴滴落水面形成波纹和风场作用下水面紊乱的场景进行采集和重建,对应真实数据和重建结果如图2所示。

---

* 作者:北京航空航天大学赵沁平、周忠、吴威。

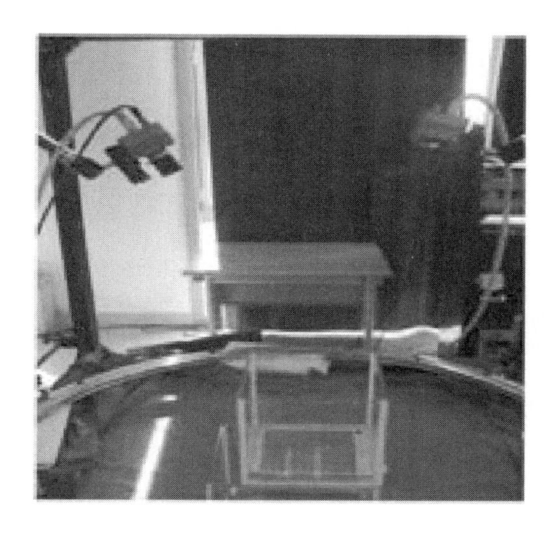

图 1 动态水面数据获取装置实物图

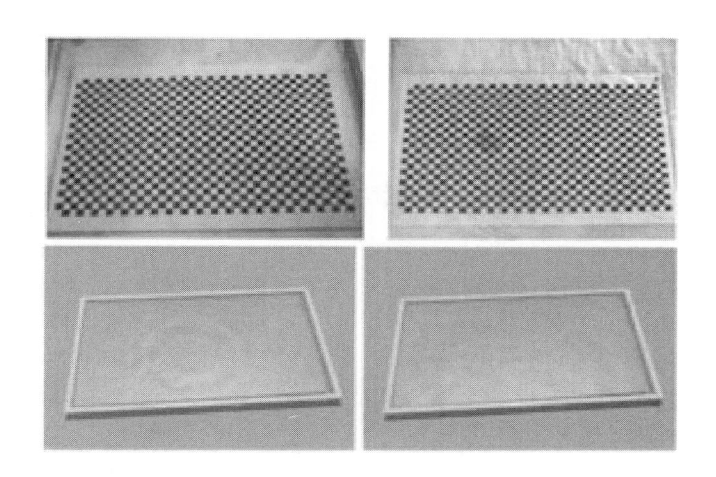

图 2 水面采集的图像和对应重建高度场结果

在此基础上，我们对数据驱动的水体表面模拟进行了探索，将基于图像方法重建得到的模型引入到基于物理的模拟方法中，结合两者的优点，提高模拟结果的逼真度并降低计算复杂度[1]。

我们重建了液面的两方面信息：一是每一时刻的液面几何模型，重建液面高度场，这是静态的重建过程[2]；二是考虑液面连续时间上的运动过程，重建不同时刻液面的运动速度，这是动态的重建过程[3]。把这些液面信息引入到基于物理的液体数值模拟方法中，用重建得到的真实液面数据，驱动数值模拟方法。

由于我们采集重建的是水箱中深度不深的水体，因此物理模型选用浅水方程(shallow water equations，SWE)。SWE 描述浅水运动过程，只追踪浅水表面高度场的变化,与我们重建的液面信息有很好的匹配。上述过程如图 3 所示。

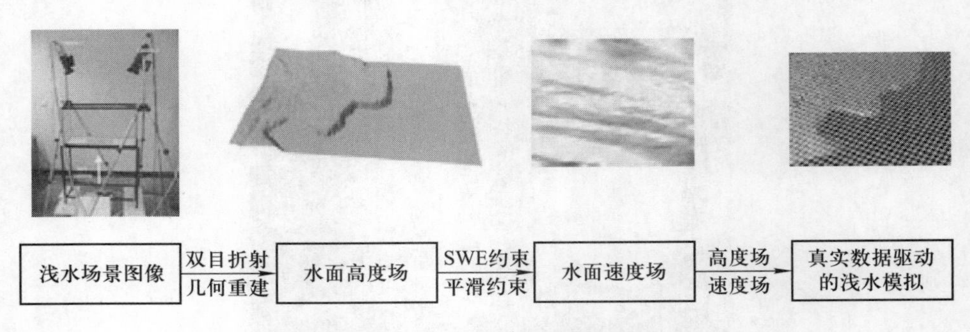

图 3　数据驱动的水体表面模研究路线图

(二) 基于光学镜面反射系统的 360°流体图像获取装置

流体数据获取多采用昂贵的相机阵列和复杂的辅助采集设备[4]。我们利用旋转平面镜和圆柱曲面镜的反射,将单个高速相机分解成多个虚拟相机,在数据获取上与环绕相机阵列图像采集环境等效[5],装置实物如图 4 所示,左侧为驱动和控制用的计算机和数控箱。

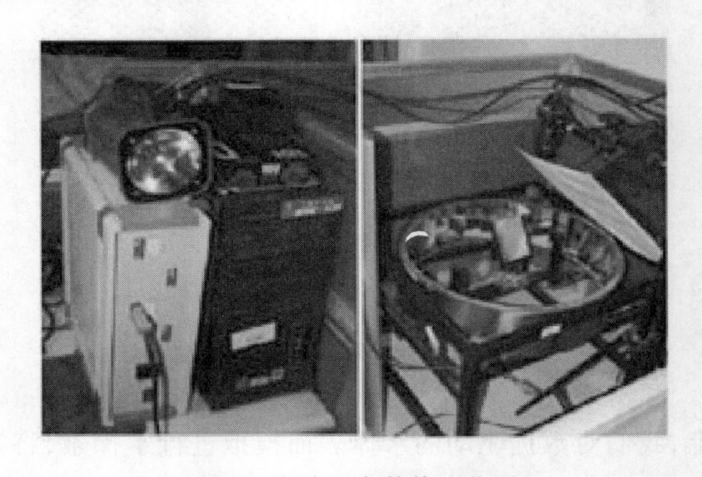

图 4　实验平台整体实物图

流体数据获取装置由数据采集、仿真辅助、光路反射和水体生成四个部分构成。装置在相应的控制系统的控制下精确、自动地对流体进行数据采集。控制系统主要通过传感器精确反馈镜面旋转的角度位置,并实时地控制相机和同步频闪仪的触发,使硬件设备彼此协调配合以完成数据的采集。各部分之间的关系如图 5 所示,360°范围内环绕连续角度采集结果如图 6 所示。

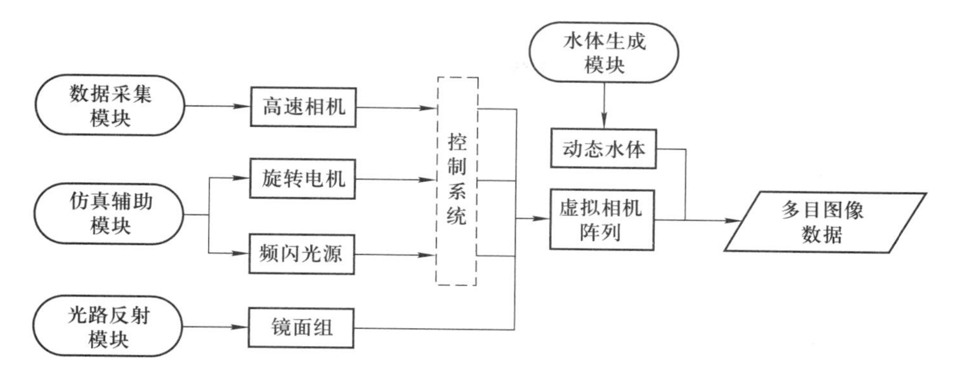

图 5　流体数据获取装置各模块协作关系图

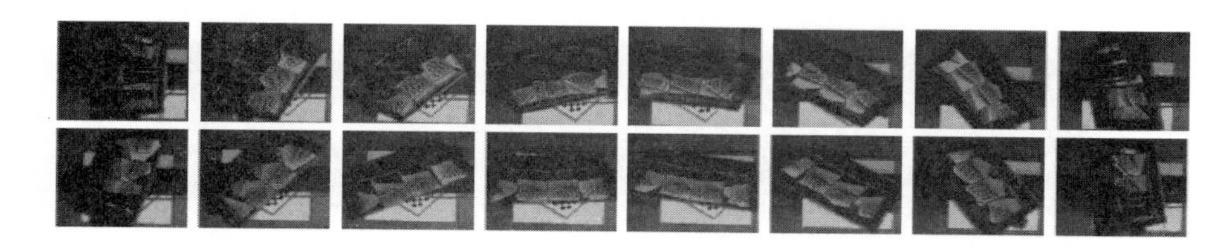

图 6　实验平台多角度环绕采集结果

由实验结果可以看出,所有视角的拍摄结果均正确无误,相邻视角图像内容连续清晰,达到实验平台数据采集的基本要求。

为了和基于物理的流体建模技术有效结合,我们设计了特殊的数据接口将实验平台得到的相关数据转化为可直接用于驱动基于物理流体建模算法的初始条件形式。实验表明数据驱动接口可以正确地将平台数据转化为要求的数据格式。

利用采样得到的数据,我们提出了数据驱动的动态水体模拟算法。实验表明,该算法在表面和运动状态上与真实环境相比存在一定失真,但计算误差不会累加,整体运动趋势和水体表面形态特征与真实情况基本一致,如图 7 所示。

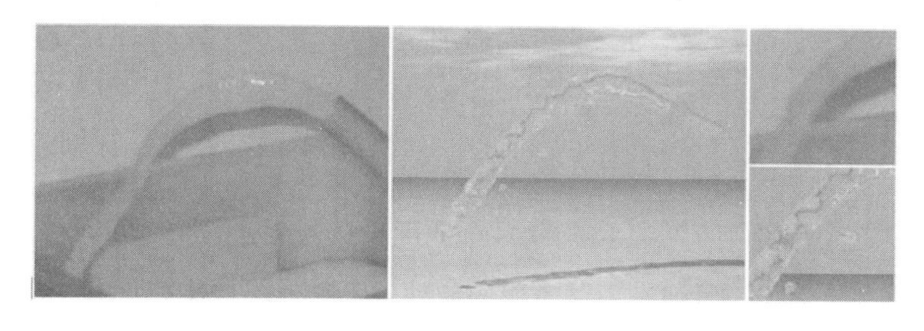

图 7　真实动态水体和仿真结果对比

(三) 基于数学物理的固流交互模拟

拉格朗日粒子方法 SPH[6] 在求解 N – S 方程的对流项、捕获流体细节、处理流体和固体交互等方面比欧拉方法具有优势。我们采用 SPH 建立了一种粒子交互模型,具有数据独立特性,易于并行计算进行加速,以达到交互的实时性。基于这一模型,模拟了多个不同密度、具有复杂表面拓扑结构的固体和水体的交互,在 10^5 个粒子的大规模场景下达到了 10 帧/s 的速率,如图 8 所示。

图 8　多个复杂固体和流体的交互模拟

固流交互产生的气泡是影响模拟真实性的重要因素,我们提出了基于 SPH 的多相流方法模拟产生的气泡,依据气体扩散理论给出一种近似气泡生成模型。该模型考虑了气体的溶解度,固体的材质以及固流之间的速度差对气泡的影响。气泡表面的气体粒子被当作虚拟的成核点,气泡和固体以及流体的双向交互通过一种新的拉力模型来计算,可以模拟气泡在固体表面的流动以及变形。模拟效果如图 9 所示。

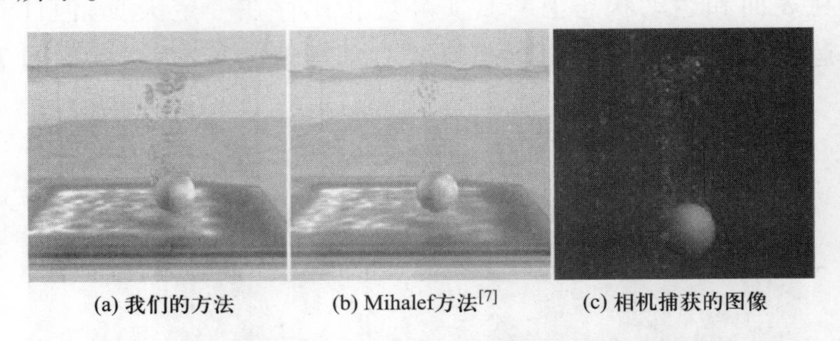

(a) 我们的方法　(b) Mihalef方法[7]　(c) 相机捕获的图像

图 9　气泡在固体表面的流动以及变形的渲染效果

固流交互时,除产生气泡以外,流体会在固体边界处产生漩涡,漩涡的表现可以提高模拟的真实性。计算流体力学中计算漩涡的有效理论模型是普朗特的边界层理论。我们基于这一理论提出了旋涡的近似生成模型,利用统一粒子模型模拟了固流交互中产生的漩涡,更真实地展现了固流交互中的细节,效果如图 10 所示。

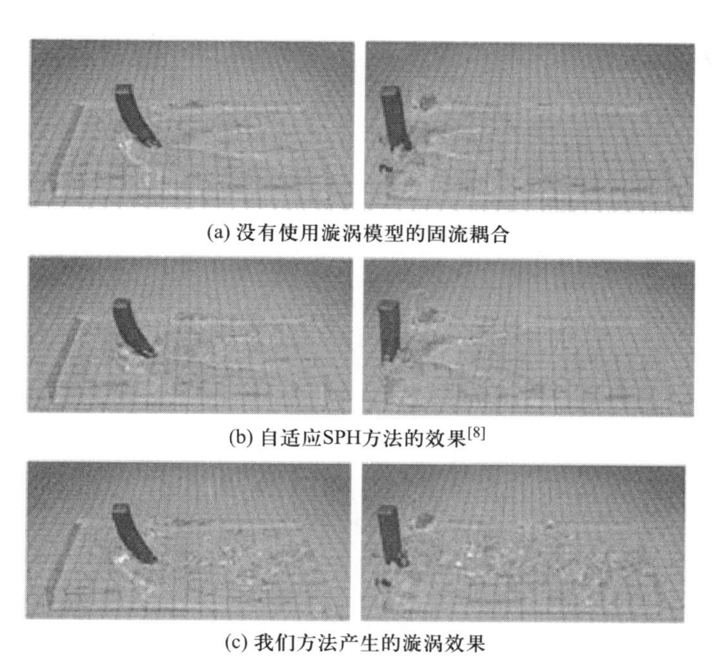

(a) 没有使用漩涡模型的固流耦合

(b) 自适应SPH方法的效果[8]

(c) 我们方法产生的漩涡效果

图 10 漩涡模拟方法对比

固流交互是一种复杂的物理过程,会产生各种各样的现象。例如日常生活中常见的糖块放入咖啡中的溶化现象,就是交互过程中固体发生拓扑结构变化的情况。我们的交互模型具有良好的通用性,可以模拟固流交互中的多种复杂现象,如图 11 所示,模拟了落入水中的固体发生的溶化现象。

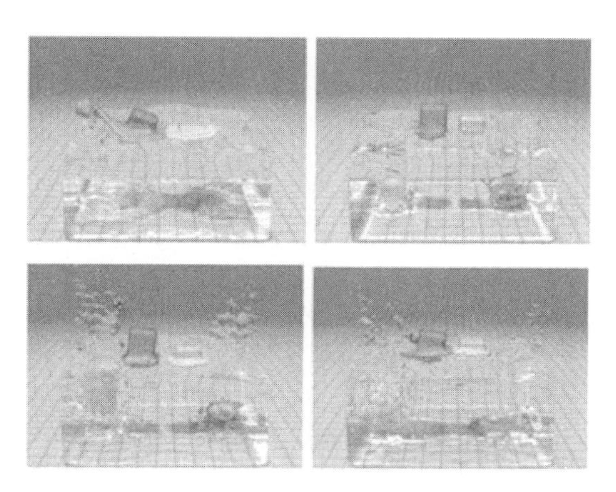

图 11 固流交互中的溶化模拟

我们的固流交互模型具有较好的鲁棒性,可以防止具有大速度差的固流交互中的穿透现象。如图 12 所示,我们模拟了水流与弹性材质的盒子和布料的交互,很好地避免了发生在界面处的穿透,提高了模拟的真实感。

图 12　流体与薄膜固体材质的非穿透交互

二、火焰的数据获取与模拟

我们研制了基于 HDR(High Dynamic Range)图像的火焰温度场和火焰密度场数据获取装置,并对相关数据处理和重用技术进行了研究,提出了多视角图像预处理方法、基于 HDR 图像的火焰温度场计算方法,以及基于密度场的火焰三维层析重建与渲染方法[9]。

(一) 基于 HDR 图像的火焰温度场获取装置与温度场计算

温度是火焰的基本属性,我们研制了一种火焰温度场数据获取装置,如图 13 所示。该装置使用 4 台高精度 HDR 相机,分别用 3 自由度的云台固定在支架的四个侧面,相机通过数据线与计算机上的高速图像采集卡相连,采集火焰图像时,4 台相机通过硬触发技术同步拍摄火焰连续帧图像。

图 13　火焰温度场数据获取装置实物图

我们对 8、10 及 12 位火焰图像进行了实验，结果表明图像位数增加，计算得到的温度场的分辨率和光滑性效果提升不明显，计算量却大幅增加，因此我们采用 8 位火焰图像。采样得到的多视角火焰 HDR 图像数据如图 14 所示。

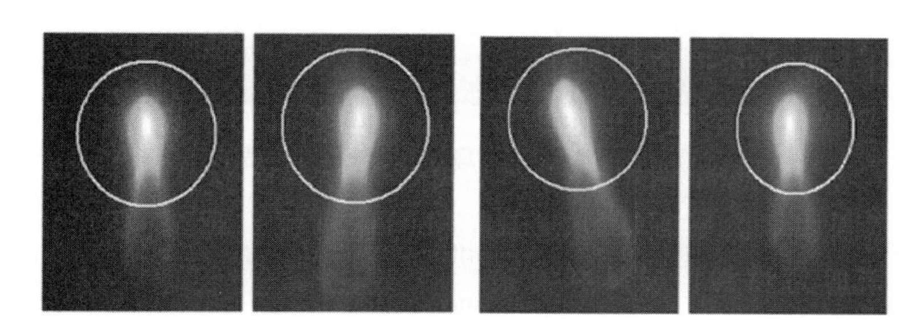

图 14　多视角采样获取的火焰 HDR 图像

火焰温度场的分布决定了火焰的明暗分布，火焰图像中像素点的灰度值是由穿过火焰的某条直线上各点的辐射能沿途衰减后到达摄像机镜头的总和决定的，是火焰所在空间三维温度分布的某种积累方式的反映，可根据此理论建立火焰温度场计算模型。根据普朗克辐射定律，确定微小立方体温度与辐射能之间的关系；通过对相机进行标定，确定所有微小立方体的辐射能对指定像素灰度值的贡献；根据相机的响应曲线得到像素灰度值与微小立方体温度之间的函数关系，最终计算得到微小立方体的温度，计算结果的体素化表示如图 15 所示，其中用小球表示体素。

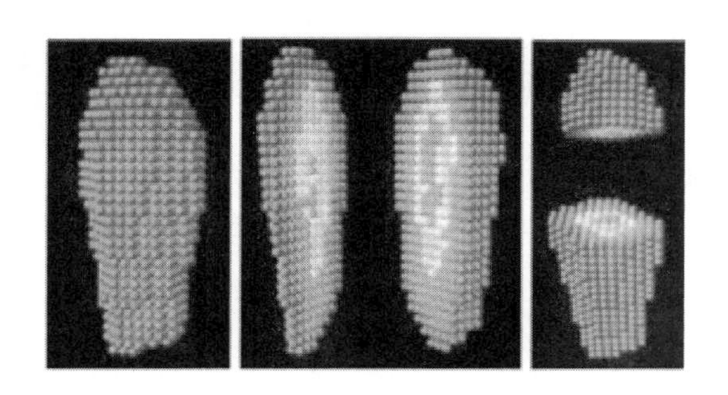

图 15　火焰温度场计算结果的体素化表示

图 15 左图为火焰体，中图与右图分别为火焰体的纵切面和横切面。可以看到，可视外壳约束下计算得到的火焰体形状与火焰原始图像完全相符；火焰体基本分为三层：火焰体中心（焰心），其温度较低；由亮黄色小球组成的是火焰体的次外层（内焰），温度比较高；随着小球靠近火焰体最外层（外焰），其颜色越来越暗，体素温度也越来越低。图 16 所示为基于温度场的火焰渲染效果。

由于火焰温度场是直接通过测量和计算得到的，反映了火焰的真实物理特

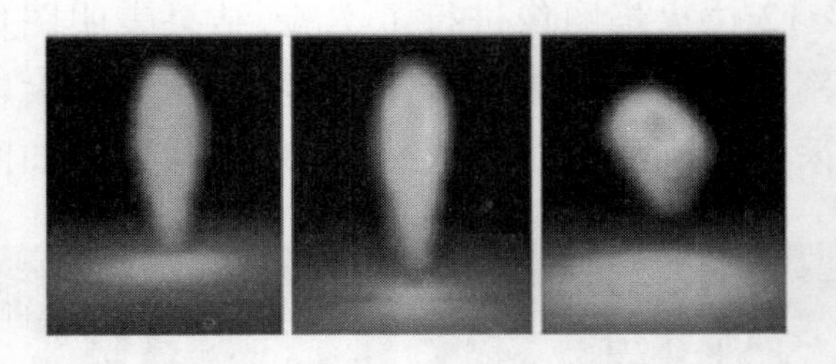

图 16　基于温度场的火焰渲染效果

性,因此可以作为采用物理方程对火焰进行模拟时控制参数的校验依据。如果能将火焰温度场与物理方程相结合,必将得到比单独应用物理方程对火焰进行模拟更加真实的效果。为此,我们将关注温度场与密度场的对比与结合,以及在温度场数据支持下的火焰物理模拟工作。

(二) 火焰密度场数据获取装置与数据预处理

我们利用一个钢制圆环架和少量相机搭建了火焰密度场数据采集平台,采集到的数据利用相机标定信息经过预处理后发送给 PC 端,在 PC 端上完成火焰密度场数据处理。实验平台原理图和装置分别如图 17 所示。

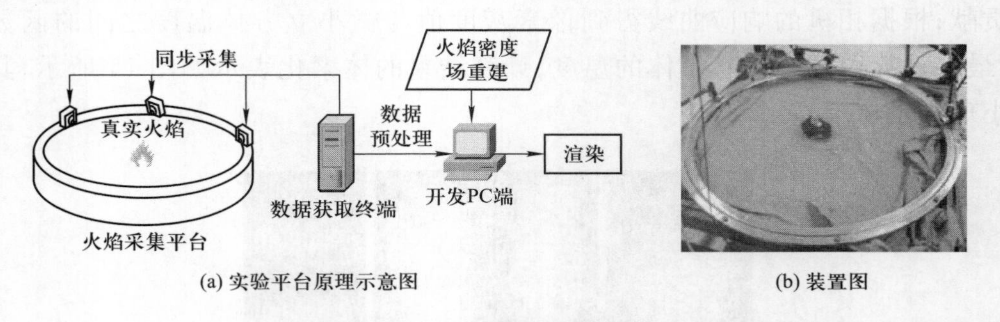

(a) 实验平台原理示意图　　(b) 装置图

图 17　真实火焰采集平台

根据相机标定的结果,可以获得相机的投影矩阵,根据相机的投影矩阵可以得到空间中任意一点在不同相机图像上的坐标对应关系,并找到相应的对极面,从而完成不同相机的对极面匹配。对极面匹配的部分结果如图 18 所示。

图 18 左侧为两幅原始输入图像,右侧为提取出的部分图像。根据相机标定得到的投影矩阵,可以得到空间中任意一点在两幅图像中的像素坐标。左侧输入图像中心点处表示空间中某一点在两幅图像中的投影位置,以该点为中心扩充为矩形,即图 18 中白线包围形成的矩形,提取出包围部分的图像,即图 18 右侧所示图像。所提取出的图像之间对极面是完全匹配的,即右侧两幅图像中像素纵坐标相等的像素都处于同一对极面。

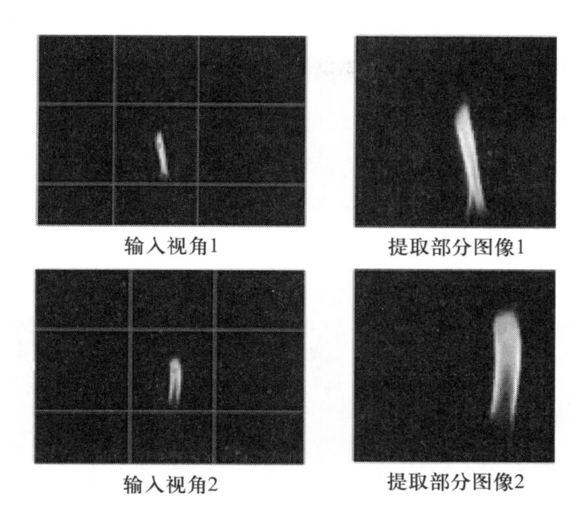

图 18 对极面匹配实验效果图

提取对极面匹配图像的目的在于对不同图像上的相应对极面上的像素进行均值处理，使得其符合火焰线性光学模型[10]，效果如图 19 所示。图 19(a)、(c)分别代表不同视角的原始图像，(b)、(d)代表对极面均值处理后的图像。图 19(e)～(h)分别代表图(a)～(d)放大后的细节效果。实验结果表明，采集的火焰密度场数据，经过数据预处理后能够符合层析重建的要求，且符合火焰线性光学成像模型。

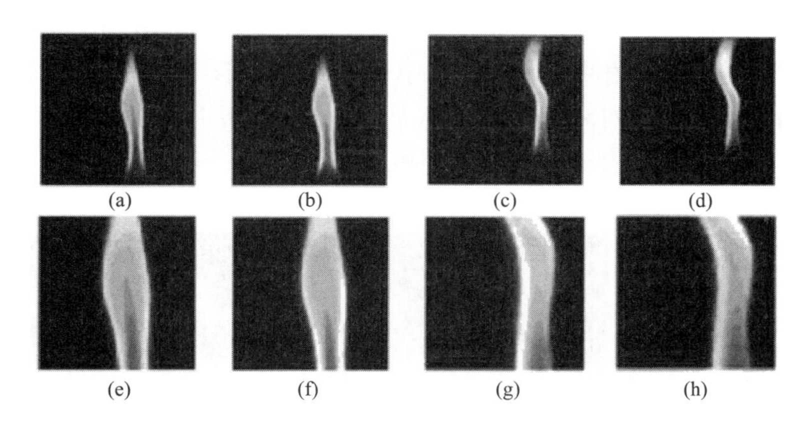

图 19 对极面均值处理效果图

(三) 火焰三维层析重建与绘制技术

我们利用层析原理将三维火焰重建问题转化为多个二维密度场重建问题[11]。每对火焰图像都唯一确定了一对密度场，且该密度场具有密度集中于连续表面、能完全再现输入图像以及空间最紧凑三个属性。基于这一理论,三维火焰密度场重建问题可转化为这种火焰片的凸组合问题。

我们首先给出基于两个视角的火焰片构造算法,该算法与利用累积的光强梯度的立体匹配算法思想类似,在保持全局不变的情况下将像素与一个单调的对应曲线相匹配。不同的是,火焰片构造算法可以对应于两条单调方向不同的曲线,并且二者都与一般成像模型保持图像一致性,如图 20 所示。

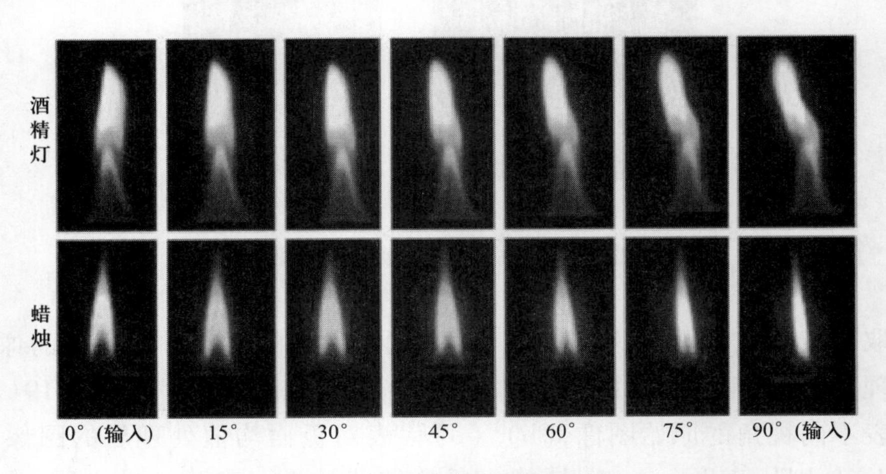

图 20　两种火焰重建效果图

在实现两两垂直视角的火焰片构造算法的基础上,采用反距离权重插值法处理两个输入视角不垂直时的情况,如图 21 所示。我们使用 8 个相机围绕火源半球体的位置从不同视角采集,选取其中两个相机的图像作为重建输入,利用相机标定提供的信息进行对极面匹配,然后进行非垂直视角的火焰片重建,并与 Ihrke 的代数层析重建方法效果进行对比。

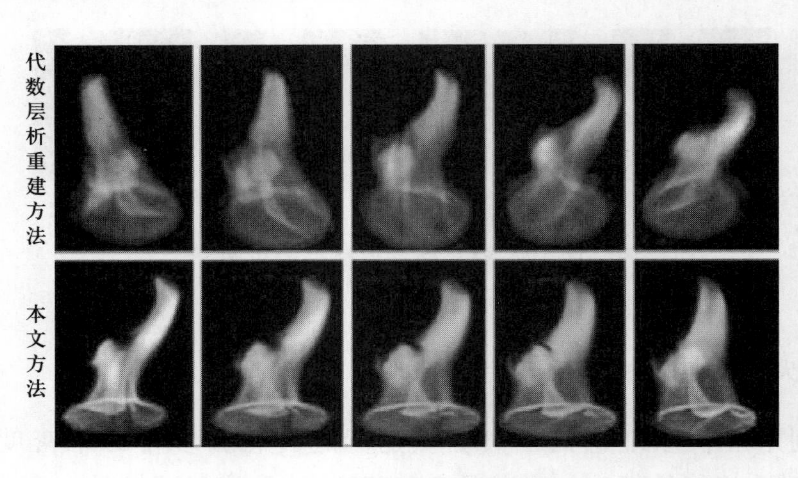

图 21　非垂直视角重建效果图

图 21 第一行为 Ihrke 提出的基于代数层析重建方法[12]，与我们提出的两个视角的火焰片重建方法相比，Ihrke 的代数层析重建方法绘制的结果噪声多、分辨率较低。

我们将两视角火焰重建扩展到多个视角的火焰重建，并提出相应的火焰片基生成算法、火焰片基优化选取方法以及火焰片基的组合算法，由此重建出符合图像一致性的三维火焰密度场。如图 22 所示，第一行为原始图像，我们选取 0°、45°和 90°三幅图像作为多视角重建的输入，选取 0°和 90°两幅图像作为乘积方法和两视角火焰片构造算法的输入。可以看到，不论是乘积方法还是我们提出的两视角火焰重建方法，效果均难以准确反映火焰外观和结构，输入信息不足是导致这一结果的重要原因。三视角的重建效果尽管只多了一幅图像提供重建信息，效果却明显好于前两种方法。

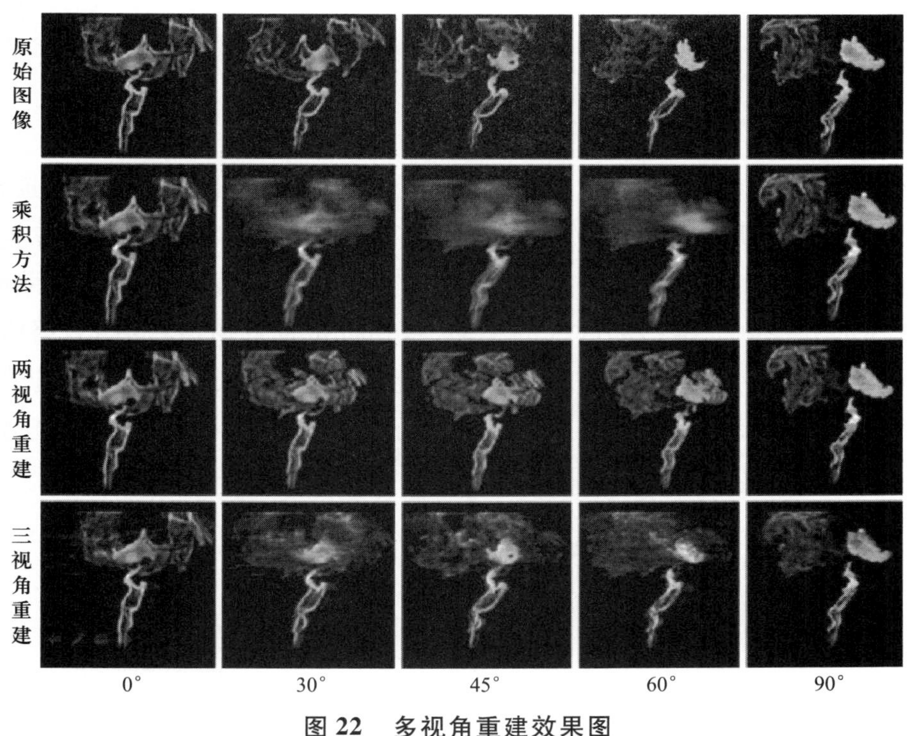

图 22　多视角重建效果图

实验结果表明，我们提出的基于图像的多视角火焰层析重建技术在复杂火焰重建上有明显优势，绘制结果基本达到照片级真实感，并具有更好的可扩展性[13]。

三、真实场景光照的数据获取与重用

我们设计实现了一套室内外真实光照数据获取装置，并进行了非均匀光照表示与重采样方法、鱼眼 HDR 图像合成方法、基于相机阵列的动态 HDR 合成方法等关键技术研究。

(一)基于全景相机的室内真实光照数据获取装置

我们搭建了一套多维度真实光照数据获取装置,实现对一个平面不同位置不同角度入射光照信息的采集,原理如图 23 所示。

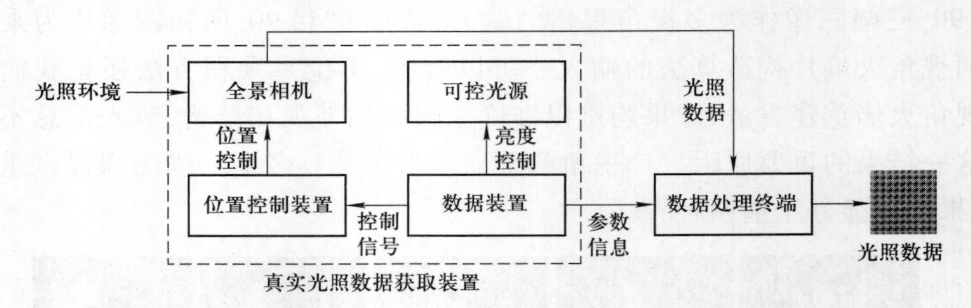

图 23 真实光照获取装置示意图

该装置由全景相机、精密位移部件、可控光源和数控部分构成。全景相机在真实光照环境下获取光照图像;精密位移部件将全景相机移动到指定位置,并返回相机的瞬时位置、瞬时速度等参数;可控光源根据控制发出相应的光照亮度及颜色;数控部分控制二维移动部件的移动,将相机位置数据传输给 PC 终端,终端通过分析数据,控制全景相机进行光照数据获取。利用获取的光照数据建立光源光场和间接光场表示,通过网络将光场表示数据传输到图形工作站进行绘制,得到光照绘制图像。装置如图 24 所示。

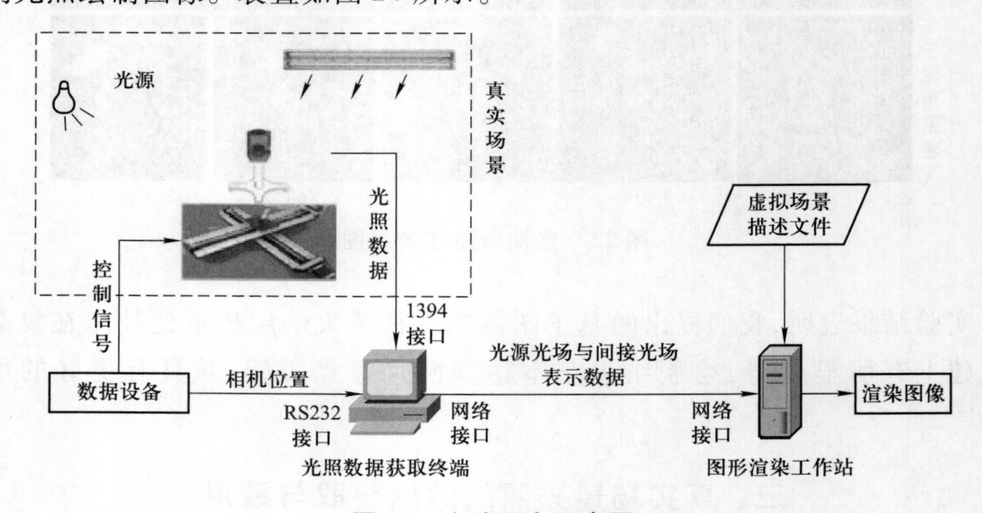

图 24 实验平台示意图

我们对一个封闭房间中的光照环境进行数据采集，用此环境光照对虚拟场景进行绘制，并将虚拟场景光照绘制结果与真实照片结合，实现虚实混合的效果如图 25 所示。其中，图 25(a)是对桌面拍摄的真实照片，在此光照环境中采集光照数据，用我们提出的光场表示结构对虚拟对象进行光照绘制，将绘制的图像与真实照片相融合得到的效果如图 25(b)所示，基本达到了照片级效果[14]。

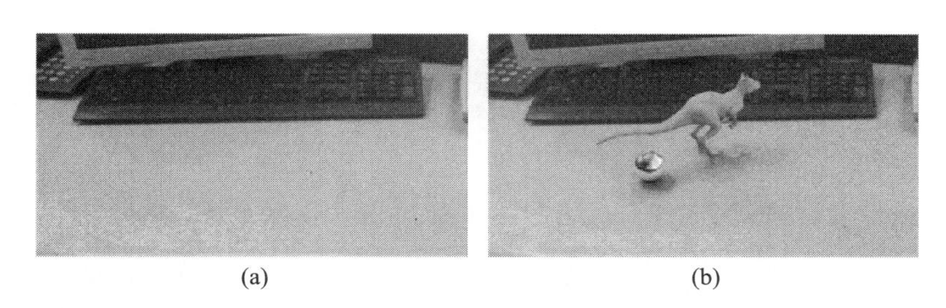

图 25 虚实图像混合效果图

（二）基于场景模型表面的光场表示与重采样

在已有对真实场景光照数据的采集、表示和绘制方法中，由于光照数据的高维度特性，很难扩展到较大的场景[15-17]。我们实现了基于场景模型表面的光场表示与重采样，把真实场景的光场数据采集、表示与绘制扩展到了整个室内空间。

根据室内场景的空间光照分布情况，使用全景相机，采用非均匀采样、标定策略获取光测图序列，实现对场景光照的空间和角度采样，再根据全景投影模型建立光测图序列的图像像素和空间光线的映射关系。使用 Kinect 采集的深度图和彩色图像进行室内场景三维重建[18]。将光测图的采样光线重投影到场景模型表面，形成离散的模型表面交点。从这些离散的交点中选取若干代表点，并建立基于代表点的点光源模型，过程如图 26 所示。

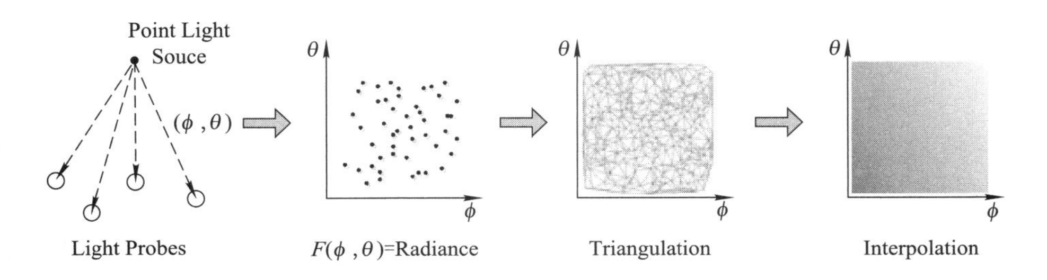

图 26 点光源模型建立流程

将每一个代表点都重采样为连续的点光源模型后，建立基于模型表面的光场表示结构。由于基于场景模型表面的光场重采样更符合光线传播的真实情况,因此使用基于模型表面的光场表示具有比已有光场表示结构更高的重采样精度和更好的真实感光照绘制效果。基于场景模型表面的光场真实感光照绘制效果如图 27 所示。可以看到,虚拟物体在真实场景中的不同位置都表现了良好的表面光照和阴影效果,具有较高的融入真实感。

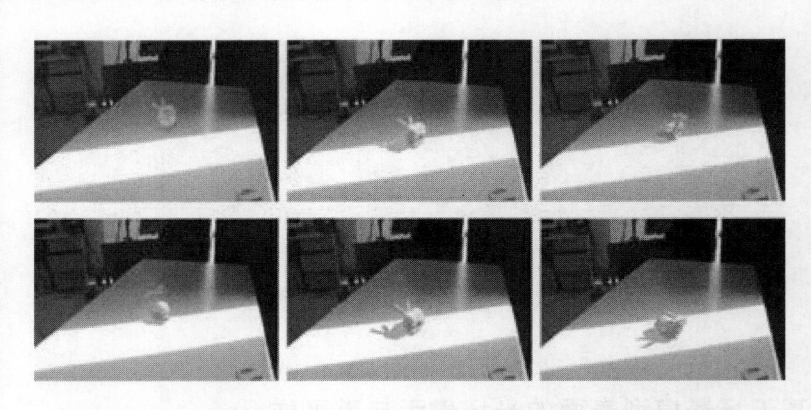

图 27　基于场景模型表面的光场真实感光照绘制图

四、自然现象模拟的典型应用

我们与中国电影公司等单位合作,初步搭建了自然现象影视特效生产线,建设了用于实时虚拟拍摄的特效摄影棚,并开发了自然现象影视特效制作数据库。

1. *自然现象影视特效生产线*

自然现象影视特效制作包含建模、动画、材质、灯光、绘制以及合成等多个环节。为了实现自然现象影视特效制作的规模化生产,必须开发一套高效的、可支持多人协同工作,各制作环节有效衔接的生产线。为此,我们合作开发了一套标准数据交换格式,以及基于该数据交换格式的制作流水线。经过使用测试,基于该数据交换格式,复杂自然现象特效制作效率提升 1 ~ 2 倍,计算机内存消耗降低约 30% 。

2. *用于实时虚拟拍摄的特效摄影棚*

数字特效制作在影视制作环节中所占的比重越来越大,建设影视特效摄影棚成为必然选择。我们将提出的动态光照环境采集技术应用于影视特效摄影棚的拍摄,可以在特效摄影棚中进行动态光照下的实时拍摄预览。目前,特效摄影棚已开始应用于影片的拍摄和制作。

3. *自然现象影视特效制作素材数据库系统*

自然现象影视特效制作中会产生大量的特效素材和采集的自然现象数据,

这些素材数据是影视制作的资源,可重复使用。为此,我们合作研制了“自然现象影视特效制作素材数据库系统”。通过该系统可实现数字资源的上传下载、快速搜索和收集积累,有效共享数字资源。在对已有影视素材整合的基础上,对典型自然现象进行数据采集和存储,已形成了约 20 TB 的自然现象影视特效制作素材资源。

参考文献

[1] Wang H M, Liao M, Zhang Q, et al. Physically guided liquid surface modeling from videos //Proceedings of ACM SIGGRAPH. 2009: 1 - 11.

[2] Morris N J, Kutulakos K N. Dynamic refraction stereo//Proceedings of the International Conference on Computer Vision. 2005:1573 - 1580.

[3] Li C, Pickup D, Saunders T, et al. Water surface modeling from a single viewpoint video //IEEE TVCG. 2012.

[4] Kshitiz G, Gurunandan K, Shree K. Nayar, material based splashing of water drops// EGSR. 2007.

[5] Jones A, Bolas M, McDowall I, et al. Concave surround optics for rapid mult-view imaging// Proceedings of ACM SIGGRAPH. 2006.

[6] Müller M, Charypar D, Gross M. Particle based fluid simulation for interactive applications//Proceedings of Eurographics/SIGGRAPH Symposium on Computer Animation. 2003: 154 - 159.

[7] Mihalef V, Metaxas D, Sussman M. Simulation of two-phase flow with sub-scale droplet and bubble effects//Proceedings of the 2009 Eurographics. 2009.

[8] Adams B, Pauly M, Keiser R, et al. Adaptively sampled particle fluids//Proceedings of SIGGRAPH. 2007: 48 - 54.

[9] ZhaoHui W, Zhong Z, Wei W. Realistic fire simulation: A survey//12th International Conference on IEEE Computer-Aided Design and Computer Graphics (CAD/Graphics). 2011: 333 - 340.

[10] Hasinoff S W, Kutulakos K N. Photo-consistent reconstruction of semitransparent scenes by density-sheet decomposition. IEEE Transactions on Pattern Analysis and Machine Intelligence. 2007, 29(5): 870 - 885.

[11] Hasinoff S W, Kutulakos K N. Photo-consistent 3D fire by flame-sheet decomposition// Proceedings of Ninth IEEE International Conference on Computer Vision. 2003: 1184 - 1191.

[12] Ihrke I, Magnor M. Image-based tomographic reconstruction of flames//Proceedings of the 2004 ACM SIGGRAPH/Eurographics symposium on Computer animation. Eurographics Association, 2004: 365 - 373.

[13] Gilabert G, Lu G, Yan Y. Three-dimensional tomographic reconstruction of the luminosity distribution of a combustion flame. IEEE Transactions on Instrumentation and Measurement, 2007, 56(4): 1300 - 1306.

[14] Jian H, Tao Y, Lin W, et al. Non-uniform illumination representation based on HDR light probe sequences//Proceedings of International Conference on Virtual Reality and Visualization. 2012: 62 - 68.

[15] Debevec P. Rendering synthetic objects into real scenes: Bridging traditional and image-based graphics with global illumination and high dynamic range photography// Proceedings of ACM SIGGRAPH. 1998: 189 - 198.

[16] Unger J, Wenger A, Gardner A, et al. Capturing and rendering with incident light fields// Proceedings of the 14th Euro graphics Symposium on Rendering. 2003: 141 - 149.

[17] Unger J, Gustavson S, Larsson P, et al. Free form incident light fields//Computer Graphics Forum. 2008, 27(4): 1293 - 1301.

[18] Whelan T, Kaess M, Fallon M, et al. Kintinuous: Spatially extended kinectfusion. 2012.

赵沁平　1948 年出生,教授,中国工程院院士。北京航空航天大学虚拟现实技术与系统国家重点实验室主任,中国系统仿真学会理事长。长期从事虚拟现实技术、计算机软件等方向的科学技术研究和研究生培养工作。主持完成了20余项国家科技计划项目(国家自然科学基金、“863”、“973”、国防预研等)。以第一完成人获国家科技进步奖一等奖1项、二等奖2项,省部级科技奖6项。出版《分布式虚拟环境DVENET》、《分布式虚拟现实应用系统运行平台与开发工具》、《实时三维图形技术》专著3部;发表学术论文160余篇。获国家发明专利授权33项。因在国家“863”计划工作中做出重要贡献,先后于1991年和2001年两次受到科技部表彰。2012年获何梁何利科技进步奖。

附录

主要参会人员名单

一、出席开幕式领导及嘉宾

序　号	姓　名	工作单位及职务/职称
1	陈左宁	中国工程院副院长,中国工程院院士
2	魏炳波	西北工业大学副校长,中国科学院院士
3	赵沁平	中国系统仿真学会现任理事长,中国工程院院士
4	安耀辉	中国工程院副局长
5	韩开兴	陕西省科协副主席
6	宋保维	西北工业大学校长助理

二、大会报告专家

序　号	姓　名	工作单位及职务/职称
1	吴　澄	清华大学,中国工程院院士
2	李德毅	总参信息化部,中国工程院院士
3	马远良	西北工业大学,中国工程院院士
4	段宝岩	西安电子科技大学,中国工程院院士
5	李伯虎	北京航空航天大学,中国工程院院士
6	胡晓峰	国防大学,教授
7	范文慧	清华大学,教授
8	姚益平	国防科技大学,研究员

注:按大会报告顺序排序。

三、其他参会专家

序　号	姓　名	工作单位及职务/职称
1	戴　岳	北京中航双兴科技有限公司
2	纪志成	江南大学,教授
3	李国雄	中国航天科工集团二院科技委,研究员
4	刘　金	航天科工集团三院三部,研究员
5	马世伟	上海大学,教授
6	邱晓刚	国防科技大学,教授
7	吴云洁	北京航空航天大学,教授
8	杨　明	哈尔滨工业大学,教授
9	张　霖	北京航空航天大学,教授
10	张志利	第二炮兵工程大学,教授
11	赵　民	中航工业沈阳飞机设计研究所,研究员

注:按拼音字母排序。

后　记

科学技术是第一生产力。纵观历史，人类文明的每一次进步都是由重大科学发现和技术革命所引领和支撑的。进入21世纪，科学技术日益成为经济社会发展的主要驱动力。我们国家的发展必须以科学发展为主题，以加快转变经济发展方式为主线。而实现科学发展、加快转变经济发展方式，最根本的是要依靠科技的力量，最关键的是要大幅提高自主创新能力。党的十八大报告特别强调，科技创新是提高社会生产力和综合国力的重要支撑，必须摆在国家发展全局的核心位置，提出了实施“创新驱动发展战略”。

面对未来发展之重任，中国工程院将进一步加强国家工程科技思想库的建设，充分发挥院士和优秀专家的集体智慧，以前瞻性、战略性、宏观性思维开展学术交流与研讨，为国家战略决策提供科学思想和系统方案，以科学咨询支持科学决策，以科学决策引领科学发展。

工程院历来重视对前沿热点问题的研究及其与工程实践应用的结合。自2000年元月，中国工程院创办了中国工程科技论坛，旨在搭建学术性交流平台，组织院士专家就工程科技领域的热点、难点、重点问题聚而论道。十年来，中国工程科技论坛以灵活多样的组织形式、和谐宽松的学术氛围，打造了一个百花齐放、百家争鸣的学术交流平台，在活跃学术思想、引领学科发展、服务科学决策等方面发挥着积极作用。

中国工程科技论坛已成为中国工程院乃至中国工程科技界的品牌学术活动。中国工程院学术与出版委员会今后将论坛有关报告汇编成书陆续出版，愿以此为实现美丽中国的永续发展贡献出自己的力量。

中国工程院